오랜 세월 사랑과 상실은 문학과 예술의 주제였다. 그러나
수학자 마이클 프레임은 자신이 가장 아름답다고 생각하는
방식으로 ⬚⬚⬚⬚⬚⬚⬚⬚⬚⬚⬚⬚⬚⬚⬚⬚ 이 책에서
비탄과 ⬚⬚⬚⬚⬚⬚⬚⬚⬚⬚⬚⬚⬚⬚⬚⬚⬚⬚감하면서,
인간의 ⬚⬚⬚⬚⬚⬚⬚⬚⬚⬚⬚⬚⬚⬚⬚⬚⬚⬚을
보여준다. ⬚⬚⬚⬚⬚⬚⬚⬚⬚⬚⬚⬚⬚⬚⬚풀이되지도,
증명되지도 않는 영원한 보물지도와 씨름하는 일일 것이나,
상실의 무게가 몇 그램인지 영영 알지 못해도 상실의 본질을
이해하려는 여정은 그 자체로 경이롭다. 해박한 지식과
문학적 감수성을 두루 갖춘 어느 수학자의 회고를 통해
우리는 상실을 무릅쓰고 사랑하는 일, 부재 속에서 존재하는
일, 그리고 비탄의 한가운데서 나 자신을 응시하는 일에
대해 새로운 관점으로 사유하게 될 것이다.

_ **하재영** 작가,《친애하는 나의 집에게》 저자

수학의 위로

수학의 위로

GEOMETRY
of GRIEF

점과 선으로 헤아려본
상실의 조각들

마이클 프레임
이한음 옮김

디플롯

일러두기

- 전집·총서·단행본·잡지 등은 《 》로, 논문·작품·편명 등은 〈 〉로 표기했다.
- 원문에서 이탤릭으로 강조한 것은 굵은 글씨로 처리했다.
- 본문의 각주는 모두 옮긴이의 것이다.

Contents

프롤로그

아빠, 정말 무서워
———

"하늘에서 가장 밝은 별을 찾아봐."

"나무 옆에 가운데쯤 떠 있는 거? 저거 맞지, 고모?"

"맞아. 금성. 행성이야, 하나의 세계지. 지구만 해. 늘 구름으로 뒤덮여 있어. 금성에 있는 땅을 본 사람은 아무도 없어."

"늘 구름이 껴 있으면, 아주 추울 게 틀림없어."

"꼭 그렇지는 않아. 금성은 지구보다 태양에 더 가깝거든. 구름이 안에 열을 가두어서 아주 뜨거울 수도 있어."

"아, 알았어. 오늘은 하늘이 맑으니까, 구름이 끼었을 때보다 더 추울 거라는 말이구나."

"그래. 마이키, 이제 안으로 들어갈까?"

"하늘에 다른 행성도 있어?"

"오늘은 안 보여."

"좀 더 있으면서 반딧불이 봐도 돼?"

"그럼."

때는 1958년의 어느 여름, 밤이 찾아오고 있을 무렵이었다. 붉게 물든 하늘이 남색으로 어두워지면서 별이 하나둘 모습을 드러냈고, 훨씬 더 밝은 점인 금성도 보였다. 우리는 웨스트버지니아주의 사우스찰스턴에 있는 할머니 집에서 할머니, 고모 루스와 함께 저녁식사를 마친 상태였다. 나는 일곱 살, 여동생 린다는 네 살, 남동생 스티브는 두 살이었다. 고모와 나만 뒤뜰에 있었고, 다른 사람들은 앞쪽 현관에 있었다. 엄마는 그냥 '들른' 거라고 했다. 우리는 겨우 13킬로미터쯤 떨어진 웨스트버지니아주 세인트앨번스에 살고 있었기에, 할머니와 고모를 종종 뵈러 왔다. 어른들이 왜 들르는지는 잘 몰랐다. 이야기를 나누기 위해서였을 수도 있다. 그냥 동네 사람들이나 가족들의 이런저런 이야기였다.

고모와 나는 달랐다. 그날 오후 우리는 주방 뜰에 앉아, 나름 목적을 지닌 양 행군하는 개미들과 제멋대로 뛰어다니는 메뚜기들에게 푹 빠져 있었다. 나는 그들의 행동을 설명하기 위해 정교한 자연사 이야기들을 지어냈다. 고모는 훨씬 더 단순한 설명을 내놓았다. '오컴의 면도날Occam's razor'이라는 용어를 결코 쓴 적이 없지만, 단순한 설명이 아름답다는 것을 가르쳐주었다. 경제적인 것이 낫다는 사실을 말이다. 루브 골드버 그 장치Rube Goldberg machine, 즉 달걀을 깨는 것 같은 단순한 일을 하기 위해 방 전체에 복잡하게 설치된 기발한 장치는 고장 날 부위가 많다는 것을 깨우쳐주었다. 내가 지어낸 복잡한 경로들은 아마 사고 훈련으로서는 좋았겠지만, 정말로 나는 그때 자연이 그렇게 어리석다고 생각한 것일까? 오랜 세월이 흐른 뒤에야 나는 고모가 나를 과학자의 길로 향하는 첫걸음을 내딛게 했다는 사실을 깨달았다. 고모는 호기심이 마음의 가장 중요한 특성이라고 생각했다. 아이의 호기심, 아이가 넓은 세계의 이모저모와 돌아가는 양상을 나름의 논리를 써서 이리 꼬고 저리 꼬고 하면서 풀어나가는 모습이야말로 어른이 볼 수 있는 가장 아름다운 장면이다. 엄마와 아빠, 할머니와 할아버지, 고모와 삼촌 모두 호기심을 부추겼지만, 약간의 회의주의를 섞어가면서 내 호기심을 길러준 사람은 루스 고모였다. 그리고 고모는 늘 내가 그때그때 관심을 보인 주제가 실린 책을 찾아주었다. 그러니 60년 뒤에 이 글을 쓰도록 첫걸음을 내딛게 한 사람은 바로 루스 고모였다.

초등학교 때 직업 토의 시간에 다른 아이들이 경찰관, 소방관, 공원 관리인(당시에는 우주비행사라는 직업이 없었다. 맞다, 옛날 옛적 이야기다)이 되고 싶다고 말할 때, 나는 물리학자나 수학자, 천문학자가 되겠다고 했다. 그러나 사실 그 나이의 아이들은 모두 자연사학자다. 여름날 아침 동네 숲은 경이로운 것들을 끝없이 보여주었다. 어릴 때 나는 한없이 낙천적이었다. 부모님은 경제적으로 풍족하지는 않았지만, 내게 창의적인 탐사를 할 수 있도록 지원을 아끼지 않았다. 열전대(구리선과 강철선을 꼬아서 열을 약한 전류로 전환하는 장치)의 출력을 재고자 할 때, 다른 학생의 아빠는 값비싼 멀티미터를 사주었다. 나는 검류계를 직접 만들었다. 자화시킨 바늘 두 개를 직사각형의 작은 마분지에 끼워 고정한 뒤 철사를 원형으로 감은 코일 안에 띄웠다. 미세한 전류를 검출하는 일에 더 재미를 느낀 사람이 누구였을까?

고모는 그 실험 장치를 설계하는 데에 도움을 주지 않았지만—아빠가 도왔고 작업장 구석에 내 작은 실험실도 마련해주었다—내가 직접 실험해서 의문의 답을 **찾을 수 있다**는 것을 깨닫도록 도와주었다.

내가 열한 살 때 루스 고모가 병에 걸렸다. 호지킨림프종이었다. 지금이라면 살 수 있었겠지만, 1960년대 초에는 그럴 가능성이 낮았다. 고모는 치료를 받았다. 아마 항암제 머스타젠으로 화학요법을 받았을 것이다. 하지만 고통스러운 상태로 몇 달을 더 버티다가, 내가 열두 살이 된 지 얼마 안 되어 세상을 떠났다. 나도 문병을 갔지만 할 수 있는 일이 별로 없었다. 침대 옆에 서서 내 작은 손을 고모의 팔에 얹고서 뭔가 이야기를 하려고 애썼다. 하지만 무슨 말을 해야 할지 도무지 알 수 없었다. 문병을 다녀오면 엄마는 집에서 나를 꺼안고 머리를 쓰다듬어주었다. 나는 고모와 이야기를 더 나누어야 했다는 것을 알고 있었다. 나를 위해 그토록 많은 이야기를 해준 고모에게는 지금 내가 필요하니까. 고모가 나를 무척 좋아했기에 이야기를 해줄 내가 필요했다. 나중에야 엄마도 나름 슬픔을 견디느라 무척 힘들어했다는 사실을 알았다. 엄마는 상황을 나보다 훨씬 더 잘 알고 있었고, 결국 고모가 병을 이기지 못하리라는 사실도 알고 있었다. 아빠는 내게 고모의 병세가 어떠한지 말해주었다. 아빠는 돌려 말하지 않았다. 고모가 죽을 것이라고 했다. 나는 아빠가 솔직히 말해줘서 고마웠다. 고모의 죽음을 미사여구로 꾸미는 말은 전혀 하지 않았다. 즉, ─ 더 나쁜 ─ 천사와 함께 살 것이라는 식의 말이었다.[1] 고모의 삶은 끝나려 하고 있었다. 그것도 곧. "불공평해. 고모와 나는 할 일이 엄청 많아. 망원경을 사서 행성들을 보자고 약속했어. 벌써 여섯 달 동안 용돈을 모았단 말이야. 너무 불공평해."

"아들, 삶은 원래 공평하지 않아. 고모는 나쁜 짓을 해서 병에 걸린 게 아니야. 그냥 걸린 거야. 살다 보면 좋은 일도 있고, 나쁜 일도 일어나. 우리는 그저 좋은 일이 좀 더 많이 일어나고 나쁜 일이 더 적게 일어나도록 노력할 뿐이야. 하지만 너무나 많은 일이 일어나니까, 다 손쓸 수는 없어."

"아빠, 정말 무서워."

"그래, 아들. 정말로 그래."

그날 밤 나는 한 가지 계획을 세웠다. 아주아주 열심히 노력할 거라고. 숨바꼭질도 안 하고 아이들에게 들려주는 어리석은 동화도 더 이상 듣지 않고 언제나 공부할 거라고. 고등학교를 일찍 마치고 대학에 들어가고, 이어서 대학원에 가고 의학원에 가서 의학자가 되어 호지킨림프종의 치료제를 찾아내고모에게 드려서 고모를 구할 거라고. 그 환상 속에서 나는 헬기를 타고 대학교 연구실에서 고모가 있는 병원까지 날아갔다. 그 계획이 너무나 마음에 들었다. 나는 엄마에게 그 이야기를 하면서 고모에게 걱정하지 말라고, 내가 구해줄 거라고 말하겠다고 했다. 나는 엄마가 기뻐할 거라고 생각했다. 그런데 엄마는 아주 슬픈 얼굴로, 고모에게 말하지 말라고 했다.

"왜? 엄마는 고모한테 나을 거라고 알려주고 싶지 않아?"

"마이키, 엄마는 네가 고모에게 희망을 주지 않았으면 해." 거짓말, 하지만 잔잔하고 따스한 거짓말이 이어졌다. "네가 아주 열심히 노력한다고 해도, 고모를 살리지 못할 수도 있잖아."

나는 논리적으로 엄마가 옳다는 것을 알았다. 나는 찰스턴에 있는 도서관에 가서 종양학 책을 꺼내어(엄마한테 암을 연구하는 학문이 뭐냐고 물어보았다) 호지킨림프종의 생존 확률을 찾아보았다. 별로 높지 않았다. 고모가 없는 세상을 도무지 떠올릴 수 없었다. 함께 탐구할 것이 아직 많았다. 게다가 상냥

한 루베나 프레임 할머니, 세상에서 가장 친절하고 다정한 자기 엄마를 두고 어떻게 떠날 수 있겠어? 이 상황을 해결할 방법이 분명히 있어야 했다. 내가 찾아낼 것이다.

그러나 고모는 세상을 떠났다. 아빠는 고모의 손을 잡은 채 임종을 지켜보았다. 아빠가 집에 들어올 때 표정을 보고 상황을 짐작할 수 있었다. 아빠는 엄마, 린다, 스티브에게 말했다. 모두 울음을 터뜨렸다. 나는 울지 않았다. 이윽고 엄마는 고모가 그동안 너무나 아팠고 나을 수 없었을 것이기에, 더 이상 고통을 겪지 않는 편이 차라리 더 낫다고 말했다. "고모가 아팠어?" 린다가 울먹였다. 그리고 두 동생은 비명을 지르며 집 안을 뛰어다니기 시작했다. 그러다가 마음을 가라앉히고 울먹거렸다. 나는 고모가 몹시 고통을 겪고 있다는 사실을 알고 있었다. 내가 들어가도 되는지 아빠가 살펴보는 동안 병실 밖 복도에서 기다릴 때, 고모가 끙끙 앓는 소리가 들리곤 했으니까. 고모는 아팠고, 이제는 아프지 않았다. 덜지 못한 채 심하게 아픈 것보다 평화롭게 잠드는 편이 더 나을까? 열두 살의 내게는 정말로 큰 수수께끼였다. 지금도 마찬가지다….

아빠는 우리 아이들이 장례식장에 가지 않았으면 했다. 엄마 아빠가 장례식장에 간 동안, 외할머니와 외할아버지가 우리를 돌보았다. 조부모의 성함은 벌과 리디아 애로우드였다. 나는 할아버지의 작업실에서 풍선이 담긴 주머니를 발견했다.

할아버지는 보석 세공사였고 시계도 고쳤다. 가스 토치를 써서 합금을 녹였기에, 작업실에는 가스버너가 있었다. 나는 풍선 한 개에 기체를 불어넣고 잘 묶은 뒤 앞마당으로 가져갔다. 나무들이 없는 곳에 가서 하늘로 날려 보냈다. 울적한 마음을 날려 보내는 내 나름의 상징적인 행위였다. 고모와 내가 하기로 계획했던 모든 실험이 그 안에 담겨 있었다. 그 기회는 이제 영원히 사라졌다. 날아간 풍선은 하나의 문이 닫힘을 의미했다.

　그렇게 나는 세상과 이어진 문을 닫아걸었다. 더 이상 고모를 도울 수 없었지만, 아마 다른 사람들을 도울 수는 있을 터였다. 그 뒤로는 오로지 과학책을 읽고 공부하는 일에 매달렸다. 엄마와 아빠는 나를 데리고 외출하려고 애썼다. 부모님은 린다와 스티브가 나를 보고 싶어 한다고 말했지만, 나는 동생들이 그럴 것이라고는 생각하지 않았다. 여름 내내 동생들은 이른 아침에 파랑어치와 흉내지빠귀의 노랫소리에 깨어나서 온종일 바깥에서 숨바꼭질을 하면서 보냈다. 어스름이 깔리고 반딧불이가 반짝일 때까지. 그러니 동생들은 나를 필요로 하지 않았다.

　그리고 목표가 있었다. 더 이상 고모를 도울 수 없지만, 치료제를 찾아서 다른 사람들은 도울 수 있었다. 진지한 열두 살짜리의 결심은 단호할 수 있으며, 나는 두 배로 단호했다.

　그해 늦게, 나는 수학 교과서에 실린 보충 문제 하나를 보았다. 거의 주말 내내 온갖 방법을 써서 풀려고 시도했다. 이윽고 해답을 찾아내긴 했지만, 거슬리고 기계적이고 우아하지 못했다. 나는 풀긴 했지만, 그것이 저자가 의도한 해답이 아니라는 것을 알았다. 월요일 수학 수업이 끝난 뒤, 선생님께 물었다. 선생님은 빙긋 웃으면서 내가 문제를 풀려고 애썼다니 기쁘다면서, 단순하면서 아름다운 해답을 적었다.

　바로 그 순간, 꽁꽁 접혀 있던 내 세계는 사라졌다. 그리고 내가 생각했던 것이 비탄*의 다른 형태였음을 깨달았다. 그 해답은 그저 내가 알고 있던 풀이법을, 내게는 떠오르지 않던 영리한 방식으로 적용한 것이었다. 그 순간 내가 과연 훌륭한 과학자가 될 만큼 똑똑한지 의심이 들기 시작했다. 끈기를 갖고 열심히 공부하면 과학자 집단에 들어가겠지만, 남을 뒷받침하는 역할을 하며 살아가는 것으로 만족할 수 있을까? 지금 내가 와 있는 지점인 인생의 끝자락에서 실제 위험이 따랐던 그 경로를 돌아본다면, 수십 년 동안 꾸준히 연구하면서 대단찮은 깨달음을 얻는 순간이 극히 드물게 있었음이 드러날 것이다. 그런 순간은 분명 경이로웠다. 사상의 체계 중 몇몇 조각을 이해하는 순간에 얻는 기쁨은 충분한 보상이 되고

---

* '상실에 대한 깊은 슬픔 혹은 감정적 반응'으로 해석할 수 있는 'Grief'의 의미와 가장 가까운 우리말로서 '비탄'을 사용했다.

도 남는다. 그러나 나는 훨씬 더 많은 것을 원했다.

내 삶이 다른 이들의 삶과 크게 달랐을까? 성격과 관심사가 딱 들어맞아서, 부러울 만치 후회나 재고할 일 없이 흡족한 삶을 사는 이들도 있긴 하다. 그러나 대다수는 자신이 가지 않은 길을 계속 떠올리곤 한다. 몇몇 선택은 결코 돌이킬 수 없는 길로 우리를 이끌곤 한다. 지금 경로를 바꾸어도, 이후의 삶은 여러 해 전에 다른 선택을 했다면 펼쳐질 일이 없었을 것이다. 그렇듯이 우리가 닿지 못한 곳들이 있었을 수 있으며, 우리는 이 상실을 비통해한다.

내가 택한 경로는 — 수학의 몇몇 구조를 탐구하는 일 — 비탄을 바라보는 새로운 관점을 제공했다. 나는 비통해하기가 수학하기와 몇 가지 비슷한 점이 있다고 본다. 양쪽에서 서로의 메아리를 찾을 수 있다. 수학 문제를 붙들고 씨름하는 것은 내가 겪은 비통한 일들을 이해하는 데 도움이 되었다. 이 책에서 이야기하려는 것이 바로 그 주제다.

이선 캐닌Ethan Canin은 《의심자의 달력The Doubter's Almanac》에 이렇게 썼다.

죽음의 비통함은 아이가 미래에 겪을 고통을 아는 비통함과 같을까? 음악의 울적함은 어떨까? 여름 황혼의 울적함과 같을까? (…) 우리는 둘 다 비탄이라고 부른다. (…)

그러나 부친이 임종하기까지 며칠 동안 내가 느낀 비통함은 어떻게 풀어야 할까? 우리는 이 세계에서 우리가 아는 평면처럼, 우리 비탄에도 경계가 있다고 생각한다. 하지만 과연 그럴까?[2]

내게는 기하학이 수학의 가장 아름다운 측면이자 내가 가장 잘 아는 부분이므로, 이 책에서는 기하학에 초점을 맞출 것이다. 비탄의 기하학이다. 이는 늦은 오후 수업 시간에 교사가 칠판 한가운데에 선을 내리긋고 양쪽에서 '삼각형의 두 변과 끼인각이 같을 때' 합동을 증명하는 과정을 죽 적을 때 뛰쳐나가고 싶은 마음이 가득해지는, 기하학의 비탄과 다르다. "그것이 불운이 아니라면, 내게 불운이란 아예 없을지니"라는 노래 가사가 푸치니의 아리아 〈아무도 잠들지 마라 Nessun dorma〉와 다른 것과 마찬가지다. 이 책에서는 비탄과 기하학이 서로 소통하는 방식을 몇 가지 살펴보기로 한다.

이 책의 기본 체계는 대체로 남들이 이 주제를 어떤 식으로 다루었는지를 살펴보기 이전에 갖추어졌다. 이 책에서 반복되어 나오는 개념 중 하나는 생각을 볼 수가 없다는 것이다. 내가 직접 비탄을 겪으면서 이런저런 생각을 곱씹기 전에 남들의 생각을 접한다면 그들의 경험을 이해하는 데 한계가 있을 것이다. 나는 대강 초고를 쓴 뒤에야 비로소 배경 지식으로 삼을 만한 비탄을 연구한 문헌들을 읽기 시작했다. 그중에서 심리학자 존 아처John Archer가 진화적 관점에서 쓴 《비탄의 본질The Nature of Grief》, 인류학자 바버라 킹Barbara King의 《동물은 어떻게 슬퍼하는가How Animals Grieve》, 의사이자 진화생물학자인 랜돌프 네스Randolph Nesse의 〈비탄 이해의 진화적 기본 틀An Evolutionary Framework for Understanding Grief〉이 특히 도움이 되었다.[3] 내 생각 중에는 기존 개념과 비슷한 것들도 있지만, 때로 상당히 다른 것도 있다. 그럴 때면 설명을 할 것이다.

다년간 비탄을 연구한 학자들의 견해보다 내 생각을 앞세운다니, 너무 자기중심적이 아닐까? 당신은 동의하지 않을지 모르겠지만, 내 답은 "아니오"다. 우리는 한밤중에서 새벽 사이의 어두컴컴한 시간에 홀로 자기 생각에 빠져들곤 한다. 이때가 자기 개인의 비탄을 살펴보기에 가장 좋은 시간이다. 첫 번째 단계는 자신이 겪은 일을 이해하는 것이고, 그 다음 단계는 그것이 기존 연구에 어떻게 들어맞는지 알아보는 것이다. 내가 할 이야기를 이해하려면, 당신은 먼저 자신의 비탄을 들여다볼 필요가 있다.

* * *

나는 아처, 킹, 네스 같은 명석한 학자들에게 탄복하긴 하지만, 문학·영화·음악이 비탄의 내면세계를 더욱 직접적으로 엿볼 수 있게 해준다고 생각한다. 나와 같은 생각을 하는 이들이 더 있다. 비탄의 심리를 처음으로 체계적으로 연구한 알렉산더 샌드Alexander Shand는 《성격의 토대The Foundations of Character》를 쓸 때 실험 자료를 거의 갖고 있지 않았기에, 인간 본성을 세심하고 사려 깊게 관찰한 이들인 작가들이 쓴 시와 소설에 의지했다.[4] 아처는 문학에 감정이 깊이 배인 견해를 명확히 표현하는 힘이 있음을 인정하고서, 예술을 통해서 비탄을 연구했다.[5]

장편소설은 가장 직접적이고 미묘하면서 폭넓은 그림을 보여준다. 나는 사르트르Jean Paul Sartre의 철학이 집대성된 대작인 《존재와 무Being and Nothingness》보다 그의 《자유의 길The Roads to Freedom》 삼부작을 통해 그의 실존주의를 더 많이 배웠다.[6] 따라서 이 책에는 소설이 많이 등장할 것이다.

예술이 어떻게 사랑과 비탄의 깊이를 체감하게 할 수 있는지를 이해하려면, 내털리 머천트Natalie Merchant의 〈내 피부My Skin〉의 가사나 〈사랑하는 아내Beloved Wife〉를 부를 때 울컥하는 목소리를 떠올려보라. 로리나 매케니트Loreena McKennitt의 〈단테의 기도Dante's Prayer〉에 나오는 슬프지만 희망 섞인 가사를 생각해보라. 필립 글라스Philip Glass의 오페라 〈해변의 아인슈타인Einstein on the Beach〉에 나오는 "무릎 5Knee 5"의 숨 가쁜 종지부를 생각해보라. 글라스의 오페라에는 음악적으로 더 흥미로운 악장들도 있긴 하지만, 합창이 이루어지는 가운데 무심하게 글을 읽는 대목에서 나는 숨이 막힌다. 음악은 깊은 감정을 우리에게 직접 전달할 수 있다.[7]

이안Lee Ang 감독의 아름다운 영화 〈와호장룡Crouching Tiger, Hidden Dragon〉을 보았다면, 리무바이가 유수련의 품에서 숨을 거두는 장면을 떠올려보자. 리무바이는 수련에게 말한다. "나는 이미 평생을 낭비했어. 마지막 남은 숨으로 말할게…. 늘 사매를 사랑했어. 사매 없이 귀천하느니… 혼백으로라도… 귀신이 되어… 사매 곁을 떠나지 않을 거야. 사매의 사랑이 있기에… 내 혼백은 결코 외롭지 않을 거야."

또는 마지막 장면을 생각해보라. 용은 무당산의 절에 있다. 그녀는 마적단 두목이자 연인인 호와 함께 구름 위에 놓인 다리에 서 있다. 용은 묻는다. "나한테 들려준 전설 기억해요?" 앞서 호는 그녀에게 이렇게 말했다.

전설을 들려줄게. 저 산에서 뛰어내리면 신이 소원을 들어준대. 오래전 한 젊은이의 부모가 몹시 아팠대. 그래서 그는 뛰어내렸어. 그런데 죽지 않았어. 다치지도 않았지. 그는 어디론가 날아가서 다시 돌아오지 않았어. 그는 자기 소원이 이루어졌다는 것을 알았어. 너도 믿는다면 이루어질 거야. 어르신들이 그러더군. "간절히 바라면 소원이 이루어진다."

호: "간절히 바라면 소원이 이루어져."

용: "호, 소원을 빌어요."

호: "나랑 티베트로 돌아가자."

용은 다리에서 뛰어내려 구름 속으로 사라진다. 용이 구름 속을 날아갈 때 요요마Yo-Yo Ma의 첼로 음악 〈페어웰Farewell〉이 흐른다. 이제 당신은 이 영화가 단순한 무협 영화가 아님을 알아차렸을 것이다. 사랑, 상실, 비탄의 이야기다.[8]

아니면 로스앤젤레스에 사는 장의사 집안의 삶을 다룬, 시즌 5까지 이어진 드라마 〈식스 피트 언더Six Feet Under〉를 보라. 여기서 당신은 좀 뻔한 이야기가 나올 것이라고 비판적인 태도를 보일 수도 있겠다. 장의사 집안이니 매일 일하면서 비탄을 접할 테니까. 그러나 이 드라마는 매회 독특한 철학적 또는 심리적 관점에서 죽음과 비탄을 살펴본다. 이 글을 쓰는 지금은 특히 시리즈의 마지막 회에서 시아Sia의 〈브레스 미Breathe Me〉가 흘러나오는 장면이 떠오른다.[9] 주인공들의 굴곡진 삶의 궤적들과 결말이 여러 층위에서의 비탄으로, 사랑의 한 반영으로서의 비탄으로 펼쳐지는 장면이다. 그리고 여기에서 〈심슨 가족The Simpsons〉 시즌 29의 21화인 "플랜더스의 사다리Flanders' Ladder"에 이를 패러디한 장면이 나온다는 점도 언급하지 않을 수 없다. 익살맞지만 **사실은** 전혀 웃기지 않게.

또 이반 투르게네프의 《아버지와 아들》에서, 예브게니 바

자로프의 죽음과 그의 무덤 앞에서 늙은 부모가 느끼는 찬연한 비탄을 생각해보라.[10] 예브게니의 죽음은 피할 수 없는 일이었다. 한순간의 방심과 소설의 배경상 그의 죽음은 확실하고 돌이킬 수 없는 것이었다. 투르게네프는 소설의 결말에서 작은 마을의 묘지를 이렇게 기술한다.

> 가끔 인근 작은 마을에서 두 쇠약한 노인이, 부부가 그곳을 찾아온다. 그들은 서로를 지지하면서 힘겹게 걸음을 옮긴다. 철 난간까지 온 그들은 무릎을 꿇고 주저앉아서 하염없이 처절히 흐느낀다. 누운 아들을 덮고 있는 말 없는 돌을 오래 갈망하듯이 바라보면서.

부모의 비탄을 묘사한 이 장면을 읽을 때면 가슴이 저려온다. 그들의 비탄한 심정은 소설 전체의 맥락에 놓았을 때 더 제대로 이해할 수 있다. 나는 이 무겁게 짓누르는 감정과 투르게네프의 직설적인 문체가 결합된 덕분에 비탄 깊숙이 묻혀 있는 경이로운 아름다움의 핵심이 드러나는 것이 아닐까 생각하곤 한다.

이야기는 실제로 남이 어떻게 느끼는지를 알려줄 수 없지만, 그들이 처한 상황에서 우리가 어떻게 느낄지를 상상하는 데 도움을 줄 수 있다. 나는 그것이 공감의 토대라고 믿는다.

우리가 비탄을 조금이라도 이해하려고 애쓰고자 할 때 쓰는
방식이다.

우리가 논의할 개념 중 상당수는 성찰의 산물, 내가 겪은
비탄과 기하학의 산물이다. 나는 그것들을 추상적인 논증 형
태가 아닌 이야기 형태 위주로 제시하고자 한다. 이야기야말
로 감정적으로 중요한 개념을 전달하는 데 가장 효과적인 방
법이라고 보기 때문이다. 추상적 논증은 어느 정도 배경 지식
을 제공할 수 있지만, 이야기야말로 직접적이고 절실하게 핵
심을 제시한다.

당신은 아마 내 경험을 읽으면서 자신의 경험을 떠올리게
될 것이다. 아니면 당신의 경험이 내 경험과 크게 다를 수도
있다. 경험이 다르다면 비탄도 다르게 이해하게 되지 않을까?
나는 알지 못한다. 물질세계는 다양한 관점을 충분히 수용할
수 있다. 우리 마음속에 과연 얼마나 많은 관점이 들어 있을까?

* * *

이 책에서는 서로 다른 맥락에서 몇 가지 개념을 제시할
텐데, 대개는 몇 차례 반복될 것이고, 모두 사례가 따라붙을
것이다. 우리가 살펴볼 요점들을 짧게 설명해보자.

비탄은 돌이킬 수 없는 상실에 대한 반응이다. 따름정리 하나, 예상 비탄anticipatory grief 같은 것은 없다.[11] 가벼운 슬픔이 아니라 진정한 깊은 비탄을 느끼려면 상실한 것이 엄청난 감정적 무게를 지녀야 하며, 세상의 초월적인 측면을 덮고 있던 장막을 걷어내야 한다. 밝은 광원을 가리던 안개를 날려버려야 한다. 그래서 여기서는 돌이킬 수 없고, 감정적 무게를 지니고, 초월적이라는 비탄의 세 측면에 초점을 맞출 것이다. 물론 비탄만이 이런 특성들을 드러내는 경험은 아니다. 나는 자녀가 없지만, 부모가 된다는 것도 비슷하게 심오한 특성을 지니리라고 상상한다. 돌이킬 수 없고, 감정적 무게를 지니고, 초월적이라는 특성을 지닐 것이다. 비탄은 명백히 거기에다가 추가로 한 가지 측면을 더 지니는데, 바로 상실에 대한 반응이다.

비탄은 진화적 토대를 지닌다. 우리는 이 토대를 옹호하는 논증들과 동물이 비탄을 느낀다는 증거들을 살펴볼 것이다. 또한 이런 경험을 들여다볼 효과적이면서 때로 심오한 수단을 제공하는 문학과 음악도 살펴볼 것이다. 진화는 우리가 어떤 경로를 통해서 비탄을 지니게 되었는지도 알려준다.

최초의 '아하!' 순간, 즉 무언가를 처음으로 이해하는 순간은 단 한 차례만 찾아올 수 있다. 이해한 것이 우리에게 중요하고 더 깊은 수수께끼를 지닌다는 점을 암시하면, 우리는 그 순간이 지나갔음을 슬퍼할 수도 있다. 그 순간은 일단 경험하면, 영원히 사라지기 때문이다. 거울에 비친 아름다움은 비탄을 반영한다. 바로 내가 기하학과 비탄을 연관 지을 때 쓰는 핵심 고리가 이것이다.

4장에서 소개할 텐데, 이야기 공간에서의 삶의 궤적이라는 관점은 비탄을 투영할 방법과 아마도 그 아픔을 좀 줄일 방법까지도 알려줄 것이다. 이야기 공간은 우리가 개발할 주된 도구이므로, 여기서 요점을 언급하고 넘어가기로 하자.

- 우리 삶은 매순간 우리가 알아차릴 수 있는 많은 — 아마 무한히 많을 — 변수가 관여하기에 대단히 풍성하다.
- 우리는 자신의 삶을, 시간을 매개변수로 삼아서 이야기 공간을 지나는 궤적이라고 볼 수 있다.
- 우리는 가능한 모든 변수를 동시에 다 볼 수 없다. 그보다는 이야기 공간의 한 저차원 하위 공간으로 시야를 좁힘으로써 한 번에 몇 개의 변수만을 집중적으로 살핀다.
- 이런 하위 공간을 지나는 궤적은 자신의 삶에 관해 스스로에게 들려주는 이야기다. 이 궤적은 우리가 자신의 삶을 이해하는 방식이지만, 언제나 자기 경험의 일부 요소를 빠뜨리고 있다.
- 돌이킬 수 없는 상실은 이야기 공간을 지나는 우리 경로에서 끊김, 도약이라는 형태로 나타난다.

- 특정한 하위 공간에 초점을 맞추고 이 공간에 우리의 궤적을 투영하여 급격한 변화의 겉보기 규모를 줄일 수 있고, 그럼으로써 상실감을 직시할 방법과 아마도 그 충격을 줄일 방법까지 찾을 수 있을 것이다. 이 마지막 요점은 한두 가지 사례를 들어 보여줄 예정이다.

게다가 비탄은 자기 유사성self-similar을 띤다. 즉, 부모를 잃은 비탄은 많은 '더 작은' 비탄을 포함한다. 더 이상 대화할 일도, 더 이상 좋았거나 나빴던 기억과 비교할 일도, 더 이상 말없이 함께 걸을 일도 없다. 이 각각의 비탄은 부모 상실에 대한 반응의 축소판, 효과적인 투영체를 찾는 실험실의 역할을 할 수 있는 더 작은 판본이다. 비탄은 밖으로 투영됨으로써 남들을 도울 수 있는 행동을 가리킬 수 있다. 내 가장 낙관적인 생각은 비탄의 에너지 중 일부를 이런 식으로 다른 방향으로 돌릴 수 있다는 것이다. 작은 걸음이든 큰 걸음이든 간에, 우리는 나아갈 수 있다.

이 책은 돌아가신 내 부모님, 우리가 잃은 친구와 고양이에게 바치는 사랑의 노래다. 그리고 내 마음속에서 가장 밝게 빛나는 점인 기하학에 바치는 사랑의 노래이기도 하다. 노년에 이르자 해가 갈수록 기하학 이해력은 점점 떨어지고 있으며, 부서진 복잡한 파편들이 내 미어지는 가슴에 쌓여간다.

내가 여기서 보여주는 단편적인 기하학은 비탄을 헤쳐 나가는 데 도움을 주는 단순한 비결이 아니라, 여태껏 나를 도운 관점을 개괄한 것이다. 이 관점은 당신이 자신의 고통에 둔감해질 수 있는 방법을 찾는 데 이정표 역할을 할 것이다. 그리고 아마 전에는 전혀 보지 못했던 기하학을 자기 삶의 곳곳에서 볼 수 있도록 도와줄 것이다.

1

기하학

Geometry

나는 예전에 나무를 보았던 방식이 그립다

———

계절은 초봄이고 시간은 해질녘이라고 하자. 당신은 잘 모르는 공원에 와 있다. 주변을 둘러보면 뭐가 보일까? 옅거나 짙은 모양들이 이루는 복잡한 패턴이 보일 것이다. 아마 원통처럼 보이는 모양은 나무줄기일 것이다. 더 작은 원통은 굵은 가지, 더 작은 가지, 잔가지일 것이다. 들쭉날쭉한 작은 평면 모양은 잎일 것이다. 그리고 꽃과 풀도 있다. 알아볼 수 있는 기하학적 모양들은 우리 주변을 식별하는 데, 적어도 이름을 붙이는 데 도움을 준다.

우리는 겉으로 보이는 모양의 변화로 동역학을 인식한다. 예를 들어, 산들바람에 춤추는 잎과 가지를 볼 때 그렇다.

줄기는 어둠에 잠겨 가도, 키 큰 나무의 꼭대기에 있는 잎에는 아직 햇빛이 닿고 있다. 우리는 어둠이 내려앉는다고 말하지만, 여기서 어스름이 솟아오르는 것을 본다(그리고 아침에 다시 오면, 새벽이 내려앉는 것을 본다). 태양과 지구의 기하학은 우리가 세상에서 미처 알아차리지 못하곤 하는 단순한 것들을 드러낸다.

수백 년 전부터 화가들은 뛰어난 기하학적 직관을 지녔음을 보여주었다. 사례를 몇 가지 들어보자. 구글에서 몇 분만 검색해도, 아주 많은 사례를 찾을 수 있다.

9세기에 지어졌고 13세기에 재건된 스페인 그라나다에 있는 알람브라Alhambra는 이슬람 예술과 건축의 아름다움을 잘 보여주는 사례다. 다음 쪽의 그림에 묘사한 것 같은 장식 타일 중 상당수는 평면을 완전히 뒤덮는 쪽매맞춤tessellation을 보여준다. 서로 모서리(또는 모서리의 일부)만 만나면서 겹치는 부위도 틈새도 없이 평면 전체를 꽉 채울 수 있는 모양의 타일이다. 체스판의 사각형과 벌집의 육각형은 이런 모양 중 가장 친숙하지만, 다른 모양들도 있다.

브랑코 그륀바움Branko Grünbaum과 제프리 셰퍼드Geoffrey Shephard의 《타일링과 패턴Tilings and Patterns》에는 아주 다양한 타일 맞춤 패턴이 700쪽에 걸쳐 백과사전처럼 실려 있는데, 이 패턴은 미술에서 따온 것도 있지만 대부분 수학에서 나왔다.[1] 이런 쪽매맞춤 패턴은 총 열일곱 가지가 있으며, '벽지군wallpaper group'이라고 불린다. 무슨 뜻인지 쉽게 짐작할 수 있다. 이런 패

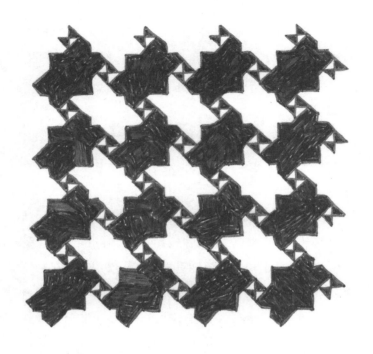

턴이 열일곱 가지뿐이라는 것은 19세기 말에야 증명되었지만, 무슬림 예술가들은 러시아의 결정학자이자 수학자인 예브그라프 페도로프Evgraf Fedorov가 그 증명을 내놓기 수백 년 전에 이미 이런 타일 무늬에 익숙했다.[2] 이렇게 예술가가 탁월한 직관력을 발휘하여 무언가를 내놓으면, 수학자가 기나긴 세월이 흐른 뒤에야 그 통찰이 옳았음을 증명하곤 한다.

　기하학과 예술이 어떻게 상호작용하는지를 보여주는 또 한 가지 사례는 닮은 삼각형들을 이용하는 것이다. 기하학 수업

을 들을 때 두 삼각형이 크기는 달라도 모양이 같으면 닮음이라고 한다는 것을 배웠을 것이다. 어떤 전체 모양이 닮은 모양의 더 작은 조각들로 이루어져 있다면, 그 모양은 **자기 유사성**을 띤다고 한다. 위 두 그림에서 왼쪽은 삼각형 안에 삼각형이 들어 있는 **시에르핀스키 개스킷**Sierpinski gasket**(시에르핀스키 삼각형)**으로, 자기 유사적 모양 중 특히 잘 알려진 것 중 하나다. 이 개스킷의 자기 유사성을 살펴보자면, 먼저 전체는 세 개의 큰 개스킷으로 이루어져 있다. 아래쪽에 좌우로 하나씩 있고, 위쪽 중앙에 하나가 있다. 각 개스킷은 전체 개스킷의 닮은꼴이다. 이 개스킷은 3장에서 더 상세히 다룰 것이다.

프랙털fractal은 수학자 브누아 망델브로Benoit Mandelbrot가 처음 알아냈는데, 어떤 식으로든 간에 전체를 닮은 조각들로 이루어진 모양을 가리킨다. 해안선은 한 부분을 가까이에서 보면, 멀리서 본 전체 해안선과 모습이 비슷하다. 고사리의 잎은 작은 고사리처럼 생겼다. 우리 몸의 세포핵 하나에는 죽 이어서 펼치면 지름이 약 100만 분의 1미터이고 길이가 2미터에 달하는 DNA가 들어 있다. DNA는 촘촘히 감긴 채로 세포핵에 들어 있는데, 더 자세히 들여다볼수록 더욱더 작은 크기로 감겨 있는 것이 보인다. 이런 것들은 자연에서 발견되는 프랙털이다. 가장 단순한 프랙털은 시에르핀스키 개스킷처럼 자기 유사적인 모양이다.

시에르핀스키 개스킷의 오른쪽에 있는 원형 그림은 13세기 이탈리아의 한 대성당에 붙여진 타일 무늬다. 시에르핀스키 개스킷을 약간 구부린 모양 여섯 개가 안쪽에 배열되어 있고, 그 바깥을 많은 작은 개스킷으로 된 고리가 둘러싸고 있다.[3] (나는 이 그림을 그릴 때, 주된 윤곽을 자로 재면서 그린 뒤에 나머지를 눈으로 보면서 채워넣었다. 그리는 데 시간이 좀 걸렸다. 그런데 원본은 타일 조각을 손으로 하나하나 깎아서 만든 뒤에 끼워 맞춘 것이다. 그 점을 생각하면, 내가 그리는 데 들인 한 시간쯤은 아무것도 아닌 듯하다.)

예술가들은 수백 년 전부터 자기 유사성을 생각해왔다. 이유는? 자연에 자기 유사성을 보이는 것들이 많아서다. 그리고 예술가란 자연을 세심하게 관찰하는 이들이다.

살바도르 달리Salvador Dali의 1940년 작품 〈전쟁의 얼굴The Visage of War〉은 자기 유사성을 활용한 더 최근 사례다. 스페인

내전의 무한한 공포를 상징한다. 이 그림에는 사람의 눈구멍과 입에 얼굴이 들어가 있고, 각 얼굴의 눈구멍과 입에는 더 작은 얼굴이 들어가 있는 식으로 몇 단계에 걸쳐서 점점 더 작은 얼굴이 그려져 있다. 이 패턴은 시에르핀스키 개스킷과 매우 흡사하다. 얼굴들이 삼각형으로 배열되어 있는 형태다. 위쪽 좌우에 하나씩 있고, 아래쪽 가운데에 하나 있다. 달리의 그림 원본은 이 스케치보다 훨씬 섬뜩하다. 몸통 없는 머리의 양쪽에서 뱀들이 구불구불 기어 나오고도 있다.[4]

달리가 이 그림을 위해 그린 스케치 중 하나에는 입에만 얼굴이 들어 있는 것도 있다. 한쪽 눈구멍에는 나무의 나이테, 다른 눈구멍에는 벌집이 그려져 있다. 달리는 자기 유사성의

반복이 무한이라는 개념을 포착하는 데 더 효과적임을 알아차렸다.

달리는 타일 무늬로 숨겨진 무한을 표현할 수 있다는 걸 발견했다. 그보다 500년 앞서 이탈리아 건축가 필리포 브루넬레스키Filippo Brunelleschi는 기하학적 방법으로 대상을 눈에 보이는 그대로 표현할 방법을 찾아냈다. 그가 1415년 거울과 바늘구멍을 이용한 탁월한 실험을 통해서 피렌체의 한 세례당에 그린 작품은 르네상스 시대의 원근기하학 (재)발견의 초기 사례, 아마 최초의 사례일 것이다.[5] 일부 미술사가는 고대 그리스와 로마의 미술가들이 원근법의 기하학을 이해했다고 본다. 반면에 그들의 이해가 초보적인 수준에 그쳤다고 보는 이들도 있다. 중세 화가들은 인물들의 상대적인 위치를 무시한 채, 종교적이거나 정치적으로 중요한 인물일수록 더 크게 그리곤 했다. 반면에 브루넬레스키는 대상들을 우리 눈에 보이는 대로 그림에 담아야 한다고 보았다. 그렇게 그리려면 원근기하학이 필요하다.

반면에 사차원기하학은 우리 경험에 기반하지 않는 듯하므로, 때로는 이해가 불가능한 개념처럼 보인다. 수학자 토머스 밴초프Thomas Banchoff는 《삼차원 너머Beyond the Third Dimension》에서 사차원기하학을 아주 탁월하게 소개한다.[6] 밴초프는 사차원 정육면체, 즉 **초정육면체**hypercube를 이해할 여러 방법을

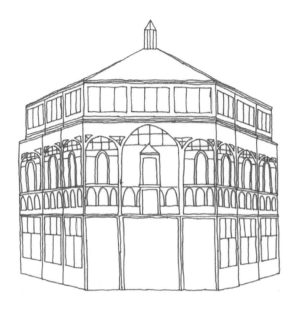

소개하고 있는데, 그중 하나는 전개도를 펼치는 것이다. 다음 쪽의 왼쪽 그림처럼 정육면체는 여섯 개의 정사각형으로 펼칠 수 있다(내부가 아니라 표면). 그리고 오른쪽 그림처럼 초정육면체를 펼치면 여덟 개의 정육면체가 나온다. 초정육면체의 가장자리는 왜 여덟 개의 정육면체로 이루어져 있을까? 자세한 설명은 부록에 실었으니, 여기서는 다음과 같이 증가 양상을 설명하는 것만으로 충분할 듯하다. (이차원) 사각형의 가장자리는 네 개의 (일차원) 선분이며, (삼차원) 정육면체의 가장자리는 여섯 개의 정사각형이므로, (사차원) 초정육면체의

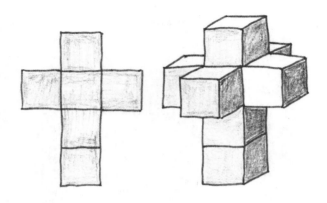

가장자리는 여덟 개의 정육면체다.

달리가 과학과 수학에 관심이 많았다는 사실은 잘 알려져 있다. 밴초프는 달리를 만나 사차원기하학을 논의했고, 서신도 주고받았다. 예술과 기하학은 자연스럽게 동맹을 맺게 되어 있다. 다음 스케치는 달리의 1954년 작품 〈십자가형Crucifixion (Corpus Hypercubus)〉을 그린 것인데, 펼친 초정육면체를 십자가로 삼고 있다.[7]

이것이 기하학을 연구하는 이유가 될 수 있을까? 달리와 이야기를 해보면 알 수 있지 않을까? 안타깝게도 달리는 1989년 세상을 떠났기에 그럴 수 없지만, 다른 유명인사와는 이야기해볼 수 있을 것이다. 나는 뉴헤이번의 슈베르트극장 무대 뒤편에서 코미디언 드미트리 마틴Demetri Martin과 이야기를 나누었다. 그는 〈데일리 쇼The Daily Show〉에 많은 기여를 한

인물인데, 그를 찾은 이유는 그가 내 프랙털기하학 강의를 들었기 때문이다.

* * *

마지막 사례는 약 2300년 전 알렉산드리아에서부터 이야기를 시작해보자. 그리스 수학자 유클리드의 고향이다. 그가 기하학의 구성 요소들을 끼워 맞추었기에, 고등학교에서 배우는 기하학을 유클리드 기하학이라고 한다. 이 기하학의 모든 내용—구성, 삼각형에 관한 온갖 정리 등등—은 **유클리드 공준**Euclid's postulates이라는 다섯 가지 가정에서 나온다. 공준 중 네 가지는 단순하며 쉽게 받아들일 수 있다. 모든 두 점은 직선으로 연결될 수 있고, 직선은 원하는 만큼 같은 방향으로 무한히 연장할 수 있으며, 모든 선분은 원의 반지름이고, 모든 직각은 같다는 것이다.

반면에 **평행선 공준**이라고 부르는 다섯 번째 공준은 다르다. 이 공준은 직선 L 위에 있지 않은 점 P가 있을 때, P를 지나면서 L과 결코 만나지 않는 직선 M이 단 하나만 있다고 말한다. 이때 M은 L과 평행이라고 한다. 이 말은 납득이 간다. 직선 M을 어느 쪽으로든 간에 아주 조금만 기울이면, M은 결국 L과 교차할 것이다.

평행선 공준은 다른 네 공준과 다르며, 훨씬 더 복잡하다.

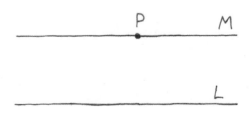

19세기까지도 일부 수학자들은 평행선 공준이 다른 네 공준의 결과임을 증명하려고 애썼다. 그런 노력은 실패할 수밖에 없었다. 평행선 공준이 거짓이라고 말하는 기하학이 있었기 때문이다. 바로 **비유클리드 기하학**이다.[8]

다음 쪽의 스케치는 M. C. 에스허르M. C. Escher가 비유클리드 기하학을 이용하여 제작한 1959년 목판화 〈원형 극한 III Circle Limit III〉를 보고 그린 것이다.[9] 에스허르는 유한한 공간에 무한을 표현할 방법을 찾느라 이런저런 실험을 했다. 체커판 무늬도 그 패턴이 무한히 이어질 수 있음을 암시하긴 하지만, 에스허르는 암시보다 더 잘 표현할 방식을 찾고 있었다.

답을 준 것은 명석한 프랑스 수학자 앙리 푸앵카레Henri Poincaré가 개발한 푸앵카레 원반Poincaré disk이었다. 무한 평면 전체를 하나의 원반에 압축한 것이다. 여기서는 원반의 가장자리에 가까워질수록(적어도 우리에게 친숙한 유클리드 기하학적인 의미에서 가까워질수록) 측정하는 잣대 자체가 점점 줄어든다. 이 푸앵카레 잣대로 재면, 원반의 중심에서 가장자리까지의 거리는 사실상 무한대다. 그리고 푸앵카레 원반의 면적도 무한대다. 유클리드 기하학과 다른 점은 이것들만이 아니다. 푸앵카레 원반에서는 직선이 두 가지 형태를 취하는 양 보인다. 원반의 중심을 지날 때에는 직선이지만, 가장자리에 닿을 때는 원의 호를 그리면서 가장자리와 직각으로 만난다.

잠깐, 원의 호가 어떻게 직선이라는 걸까? 이는 수학이 발전하는 핵심 방법 중 하나를 보여주는 사례다. 한 환경에서 특정한 개념—이를테면 평면에서의 직선—을 취해 다른 환경으로 옮길 때 어떤 일이 벌어지는지 알아보자. 우리는 직선의 어떤 측면을 일반화할 수 있을까? 유클리드 기하학에서 직선은 두 점 사이의 최단 거리를 말한다. 그 정의를 써보자. 비행기를 타고 장거리를 간 적이 있다면, 아마 이미 이 일반화의 사례를 하나 알고 있을 것이다. 구의 대원은 원의 중심이 구의 중심과 일치하는 모든 원을 말한다. 지구의 경도선은 모두 대원의 호이며, 위도선 중에는 적도선만이 대원의 호다. 구에서는 두 점을 지나는 대원의 호가 두 점 사이의 가장 짧은 거리다. 고무 밴드를 늘여 공을 감으면서 공에 찍힌 두 점을 연결해보자. 이 고무 밴드가 지나는 길이 바로 **구에서** 두 점 사이의 가장 짧은 경로다. 그리고 이 가장 짧은 경로는 바로 대원의 호가 된다.

장거리 비행 항로는 운항 시간과 연료 소비량을 최소화하기 위해 지구 대원의 호를 따라간다. 한 예로, 로스앤젤레스와 모스크바는 위도가 각각 북위 34.1도와 55.8도이지만, 두 도시 사이의 항로는 북위 약 70도에 있는 그린란드 북부 상공을 지난다.

이제 푸앵카레 원반으로 돌아가자. 푸앵카레 잣대로 거리를 측정할 때, 두 점 사이의 최단 경로는 두 점 사이에서 원의 중심을 지나는 직선이거나 원반 가장자리와 수직으로 만나는 원의 호다. 이런 의미에서 푸앵카레 원반에서는 둘 다 직선이다.

이 기하학이 왜 비유클리드 기하학일까? 푸앵카레 원반에서는 점 P가 직선 L 위에 있지 않을 때, P를 지나면서 L에 평행한(다시 말해 L과 결코 교차하지 않는) 직선이 많이, 사실상 무한히 많이 있다. 다음 그림의 직선 M과 M'가 그렇다.

기억할지 모르겠지만, 기하학 수업 시간에는 두 삼각형이 합동임을, 즉 모양이 같고(닮음) 크기도 같다는 것을 보증하는 여러 가지 정리를 배운다. 한 예로, 두 변의 길이와 그 사이에 끼인각의 크기가 같을 때가 그렇다. 푸앵카레 원반에서는 일이 좀 더 쉽다. 닮은 삼각형들은 언제나 합동이다. 따라서 우리가 볼 때 에스허르의 그림에서 원반 가장자리로 갈수록 물고기들은 점점 작아지지만, 푸앵카레 잣대로 재면 모두 같은 크기다.

에스허르는 수학자 H. S. M. 콕서터H. S. M. Coxeter의 논문에 실린 푸앵카레 원반 그림을 보았고, 곧 두 사람은 서신을 주고받으면서 비유클리드 기하학을 논의했다. 비록 에스허르가 〈원형 극한 III〉에 예술적 자유를 좀 발휘했지만 — 콕서터는

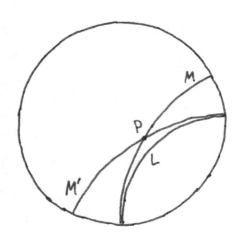

그림의 곡선들이 완전히 비유클리드적인 형태는 아니라고 지적했다 — 비유클리드 기하학에서 얻은 영감을 잘 활용했다는 것은 분명하다.

내 스케치에 관해서도 한마디하자. 에스허르의 그림에는 원반 가장자리까지 작은 물고기들이 그려져 있다. 물론 정확히 딱 들어맞는 크기로 그린 것은 아니다. 그러려면 무한히 많은 물고기를 그려야 했을 테니까. 그래도 에스허르는 내가 스케치한 단계보다 훨씬 더 많이 나아갔다. 또 그가 엄청난 끈기를 발휘했다는 점도 언급하지 않을 수 없다. 앞서 시에르핀스키 개스킷 대성당의 타일 무늬가 대단히 세심한 노동의 결과물이라고 말한 바 있다. 그러나 타일 하나를 잘못 깎아도 다른 타일을 갖다가 제대로 깎으면 된다. 돌이 충분하기만 하면 말이다. 반면에 에스허르의 작품은 목판화다. 그는 이 모든 물고기를 하나의 나무판에 새겼다. 한 번이라도 실수하면 작은 부분이 아니라 판화 전체를 망칠 수도 있었다. 인내심을 발휘할 수 있는 자극제가 필요할 때, 이 작품을 떠올리기를.

* * *

기하학은 우리의 세계 모형을 구축하는, 즉 세계의 모습과 돌아가는 방식을 모형화하는 한 방법이다. 그러나 이 모든 모형이 칼날 위에 균형을 잡고 있는 것처럼 위태로울 수도 있지 않을까? 우리 모형이 전혀 달랐을 수도 있지 않을까? 망델브로의 프랙털기하학이 유클리드의 기하학보다 먼저 발견되었다면, 제조업도 다르지 않았을까? 이 질문이 너무 억지스럽다고 생각한다면, 호흡계·순환계·신경계에서 반복적으로 갈라지는 양상이나, 우리 DNA의 반복해서 감겨 있는 모습이나, 우리 허파와 소화계의 넓은 표면적과 작은 부피를 생각해보라. 진화는 프랙털기하학을 발견하고 이용해왔다. 유클리드와 아리스토텔레스의 저작에 대한 교회의 해석 방식에 따라 사람들이 '천체의 완벽함'을 모사하려고 애쓰는 대신에, 자연의 기하학을 더 세밀하게 관찰했다면, 우리 건축물은 지금 전혀 달랐을 수도 있다.

다양한 문화의 상당히 다른 우주관들은 서로 다른 지각과 기하학을 반영할까, 아니면 서로 다른 길을 걸어온 역사를 반영할까? 기하학, 이야기―세계―가 단 하나만 있는 것이 아니라면, 우리는 우리의 우주관들을 동일한 범주에 가둘 생각도 하지 말아야 한다.

사실 우리의 주된 논지는 바로 여기에서부터 시작된다. 세계는 우리가 생각하는 것과 달랐을 수 있을까? 다를까? 세계는 단 하나만 있을까, 아니면 많을 수 있을까? 우리가 세계를 한 가지 방식으로 본다면, 다른 모든 방식으로 보는 관점은 영구히 차단될까? 숀 캐럴Sean Carroll이 《다세계Something Deeply Hidden》라는 멋진 책에서 명쾌하게 설명한 양자역학의 다세계 모형은 누군가가 어떤 입자를 관찰할 때마다 우주가 갈라져 나간다고 본다. 각 측정 결과가 일어나는 우주들로 갈라지며, 갈라져 나간 우주들 사이의 의사소통은 불가능하다.[10] 따라서 물리학에는 어떤 선택을 했을 때 다른 모든 선택은 불가능하다는 모형이 있다. 이 결별이 사람과 구름과 고양이의 세계로도 스며들까? 이야기를 펼치면서 이 점도 생각해보기로 하자.

여기서 우리는 다시금 비탄으로, 돌이킬 수 없는 상실에 대한 반응으로 돌아온다. 한 기하학의 신중한 탐사가 세계에 대한 우리의 이해에 돌이킬 수 없는 색깔을 칠하게 될까? 실험과학보다 수학에서는 대개 꿈과 탐사 사이의 거리가 훨씬 가깝다. 여느 과학에서와 마찬가지로 수학에서도 무언가를 하려면 먼저 배경지식을 배워야 한다. 그러나 수학에서는 실험을 설계하고, 장비를 모으고, 생물을 대상으로 한 실험이라면 윤리 심의도 신청하고, 실험을 수행하고, 데이터를 모으고, 결과를 해석하는 식으로 일이 전개되지 않는다. 수학에서는 그냥 생각을 시작하기만 하면 된다. 물론 요즘은 때로 코드를 작성하고 시뮬레이션도 돌리곤 하지만, 그것도 컴퓨터에 코드를 입력하는 것만 빼면 물리적 활동이 아니라 정신적 활동이다. 수학에서 우리가 탐사하는 세계는 우리 마음속에 있다. 그래도 수학에서 우리가 한 세계에 초점을 맞춤으로써 다른 세계들과 차단될 때, 다른 세계들의 이 잠재적 상실은 수학에서 비탄의 한 원천이다. 사람이나 동물을 잃는 것에 맞먹는 규모의 상실은 아니지만, 그럼에도 풍기는 정서는 똑같다고 본다.

좀 어이없다고 느낄 수도 있다. 대체 뭘 잃었다는 거야? 원하기만 하면 다른 방향으로 얼마든지 생각할 수 있지 않나? 어떤 의미에서는 그럴 수 있지만, 일단 세계를 새로운 방식으로 보면, 보지 않은 것으로 되돌릴 수 없다. 프랙털기하학의 사례를 들어 설명해보자. 당신이 기하학 애호가가 아니라면, 자신이 좋아하는 다른 어떤 복잡하면서 미묘한 활동으로 대체할 수 있다.

다음 쪽 그림에서 잠시 격자가 없다고 생각해보자. 그려진 모양이 복잡해 보이는지 단순해 보이는지? 단순해 보인다고 생각한다면, 그리는 법을 정확히 묘사할 수 있어야 한다. 할 수 있는지?

이제 격자를 보자. 칸 다섯 개가 비어 있다는 점에 주목하자. 이 그림을 그리는 데 필요한 지식은 거의 그것뿐이다. 이 빈칸들을 계속 유지하면, 우리는 모양을 그릴 수 있다. 과정은 꽤 단순하다. 4×4 격자에서 시작하자. 첫 번째, 다섯 칸은 놔

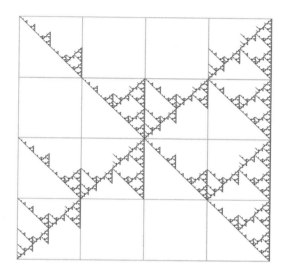

두고 나머지 열한 칸을 검게 칠하자. 다음 쪽의 왼쪽 그림이다. 두 번째, 이 그림을 2분의 1로 축소한 다음 세 개를 복사해원본의 옆과 아래 좌우에 붙이자. 그러면 가운데 그림이 된다.세 번째, 가운데 그림에서 왼쪽 그림의 빈칸 다섯 개가 놓인자리에 해당하는 칸을 비우자. 그러면 오른쪽 그림이 된다.

이제 매번 나온 그림을 토대로 위의 두 번째와 세 번째 과정을 되풀이하자. 방금 얻은 그림에서 시작해보자. 이 그림을절반으로 줄이자. 세 번 복사해서 옆과 아래 좌우에 붙이자.원래 그림에서 빈칸이 있던 다섯 개 칸을 비우자. 다음 쪽에는처음의 4 × 4 격자와 이 과정을 다섯 번까지 반복한 그림들이

차례로 나와 있다. 반복할수록 점점 처음에 보여준 그림에 가까워진다. 여기서 전체 그림의 작은 조각이 전체 그림을 닮았음을 알아차릴지도 모르겠다. 이것이 프랙털이냐고? 맞다.[11]

'프랙털 조각'이라고 볼 수도 있겠다. 미켈란젤로는 모든 돌덩어리 안에는 나름의 조각상이 들어 있다는 말을 했다고 한다. 조각가는 그저 그 상을 발견하기만 하면 된다는 것이다. 여기서 우리는 이 프랙털을 생성하는 데에는 그저 빈칸 목록과 반복하는 과정만 있으면 된다는 것을 알았다. 최종 산물은 꽤 복잡해 보이지만, 이 관점에서 보면 아주 단순하다. 무언가가 얼마나 복잡해 보이는지는 우리가 어떤 분석 도구를 들이대느냐에 달려 있다고 해도 놀랄 이유는 전혀 없다.

일단 대상의 프랙털 측면을 알아보는 법을 배우면, 우리 지각은 영구히 바뀐다. 오랜 세월 동안 나는 내가 가르치는 학생들의 룸메이트들로부터 항의하는 전자우편을 수십 통 받았는데, 내용은 모두 비슷했다. "강의실로 함께 걸어갈 때마다

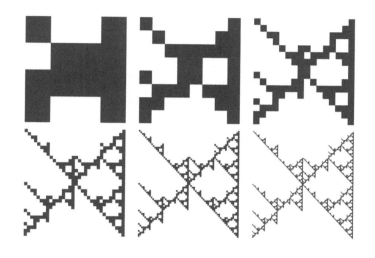

룸메이트가 고사리나 구름이나 인도의 갈라진 틈에 시선이 갈 때면, 하던 이야기를 멈추고 소리쳐요. '어, 프랙털이야.' '저거 프랙털이네.' 프랙털이라는 말만 들어도 지겨워요! 교수님은 좋은 대화를 망치는 분입니다." 나는 역사 전공자들의 마음을 기하학으로 오염시킨다는 비난을 받고 있다.

* * *

나는 사람들이 일단 이 패턴을 인식하면, 알아차리지 못하고 지나칠 리가 없다고 믿는다. 마음속에서 세계의 모습이 펼쳐지는 방식이 영구히 바뀐다. 우리가 구축하는 세계 모형의 범주 자체가 영구히 바뀐다.

내가 그런 일을 처음 실제로 겪은 것은 고등학교에서 기하학을 배울 때였다. 우리는 고대 그리스인들이 무척 좋아한 퍼즐인 컴퍼스와 곧은 자로 작도하는 문제를 공부하고 있었다. 선분을 둘 또는 셋이나 넷 등 같은 크기로 나누는 법을 막 배운 상태였다. 랠프 그리피스Ralph Griffith 선생님은 그 뒤에 고대 그리스인들이 풀 수 없다는 것을 알아차린 문제가 세 가지 있다고 알려주셨다. 각도를 삼등분하기(주어진 각도의 3분의 1에 해당하는 각도를 작도하는 것), 원을 정사각형으로 만들기(주어진 원과 면적이 같은 정사각형 그리기), 정육면체 두 배로 늘리기(주어진 정육면체보다 부피가 두 배인 정육면체 작도하기)이다.

그 문제들을 골똘히 생각하는 중에 한 가지 착상이 떠올랐다. 각 ∠AOB가 있다고 하자. 점 A에서 점 O까지 이어진 직선이 점 O에서 점 B까지 이어진 직선과 특정한 각도를 이루고 있다(다음 쪽의 그림 참조). 나는 선분 AB, 즉 점 A와 점 B를 잇는 선분을 삼등분하면 ∠AOB를 삼등분하는 것과 같지 않을까 생각했다. 즉, BC의 길이가 CD, DA의 길이와 같아지는 점 C와 D를 AB에서 찾으면 되지 않을까? 선분을 같은 길이로 나누는 법은 방금 배웠으니까 어렵지 않았다. 그러면 ∠AOD, ∠DOC, ∠COB가 같을 것이고, 따라서 ∠AOD는 ∠AOB의 3분의 1이 된다고 추측했다. 이 단순한 착상, 사실상 누구의 머릿속에서든 가장 먼저 떠오를 법한 착상을 2000년 동안 아무도 알아차리지 못했다는 것이 이상하다거나 불가능하다는 생각은 내 머릿속에서 떠오르지 않았다. 그런 의심을 품을 생각조차 못했다. "우리 지역 학생이 2000년 된 수학 문제를 풀다"라는 신문 기사 제목이 언뜻 머릿속을 스쳐 지나갔을 뿐이다.

나는 작도한 것을 선생님께 보여주었다. 값싼 컴퍼스로 작게 그린 그림이었다. 내 각도기로 쟀을 때에는 세 각이 거의 똑같아 보였다. 그러자 선생님은 더 좋은 컴퍼스를 써서 더 큰 그림을 그려서 보여주었다. 그러자 세 각의 각도가 달라 보였다. 선생님은 "그렇게 쉽다면 지난 2000년 동안 누군가가 생각해내지 않았을까?" 같은 말을 하지 않았다. 오히려 내가 시도한 것을 기뻐하셨다.

나는 기하학자들이 그저 올바른 접근법을 찾아내지 못했

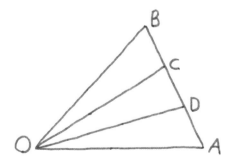

을 뿐이라고 가정했다. 그러나 선생님은 아니라고, 우리가 풀 수 없음을 증명할 수 있는 문제들이 있다고 했다. 무슨 말이지? 어떻게 문제가 풀리지 않을 수 있지? 그러나 더욱 놀라운 점은 따로 있었다. 문제가 풀릴 수 없다는 것을 우리가 어떻게 알 수 있다는 것일까? 게다가 어떤 정리들은 증명할 수 없다는 증명이 나와 있다는 아찔한 사실을 나는 3년 뒤에 배우게 된다.[12] 나는 이 세 가지 기하학적 작도가 불가능한 이유를 여러 해가 지난 뒤에야 비로소 이해했다.[13] 여기에는 복잡하고 정교한 수학이 관여한다. 고대 그리스인들이 이해하지 못한 것도 놀랄 일이 아니다.

고등학생 때에는 그런 사실들을 알지 못했다. 물리 세계에 불가능한 것들이 있다는 사실 정도만 알고 있었다. 나는 팔을 휘저어 달까지 날아갈 수 없다. 그러나 어리석음이 그 수준에 이르지 않는 것들은 알아차리지 못한다. 내가 세련되지도 유능하지도 못한, 어설퍼 보이는 사람이라는 사실도 그렇다. 그런데 기하학이? 기하학에 불가능한 것이 있다는 말에 심란해졌다. 아주 열심히 파고들어도 풀 수 없는 기하학 문제가 어떻게 있을 수 있다는 걸까? 그 말이 참이라면 우주에 뭔가 심하게 문제가 있는 것처럼 보였다.

나는 선생님께 어떤 수학 작도가 불가능하다는 것을 어떻게 증명할 수 있는지 물었다. 선생님은 각도 삼등분이 불가능함을 증명하려고 시도하지 않았다. 대신에 2의 제곱근을 정수의 비율로 적을 수 없다는 증명을 보여주었다. 마찬가지로 그리스 기하학의 토대를 뒤흔들었던 문제였다. 그 증명은 깔끔하고 명쾌하고 우아하다. (그리고 약간의 대수가 수반된다. 이 책의 부록에 실려 있다.) 선생님은 몇몇 단계들을 내가 채우도록 하면서 차근차근 설명해주었는데 덕분에 나는 무척 행복했다.

그날 밤 나는 그 아름다운 증명을 곰곰이 생각하다가 기하학에도 한계가 있다는 것을 깨달았다. 그 깨달음은 거의 10분 동안 마음을 뒤숭숭하게 만들었다. 그러다가 그런 한계 때문에 기하학이 더 흥미로워진다는 것을 깨달았다. 얼마나 더 흥미로워지는지를 깨달은 것은 오랜 세월이 지난 뒤였고, 지금도 온전히 다 이해하지 못하고 있긴 하다. 내가 전체 세계의 지도라고 생각한 것이 사실은 그 지도의 한 구석에 불과했다는 것이 드러났으니까.

다음 날 학교로 걸어가면서 나는 그 증명의 단계들을 다시 머릿속에서 죽 훑었다. 조각들은 여전히 우아하게 끼워 맞추어졌지만, 처음 깨달았을 때의 전율은 사라진 상태였다. 즉, 사람들이 말하는 아하! 순간은 이미 지나간 뒤였다. 관찰한 것들이나 생각한 것들이 스스로 재배치됨으로써 그 전까지 보이지 않던 것이 갑자기 수정처럼 명쾌하게 머릿속에서 펼쳐지는 그 순간 말이다. 그 생각들은 그렇게 새롭게 재배치된 상태로 머릿속에 계속 남아 있겠지만, 아하! 순간은 그렇지 않을 것이다. 어떤 패턴 하나에 아하! 하는 순간은 기껏해야 딱 한 번 찾아온다.

나는 프랙털기하학을 가르칠 당시에 두 번째 강의 시간에 그 학기의 가장 큰 아하! 순간이 찾아오도록 짰다. 한 고양이 스케치가 시에르핀스키 개스킷으로 바뀌는 일련의 단계들을 그림으로 보여줄 때다.[14] 몇 주 뒤에 꽤 복잡한 다른 주제들을 공부하고 있을 때면, 학생들은 둘째 날에 겪었던 것 같은 놀라운 순간을 더 겪고 싶다고 투덜거렸다.

반면에 새 배치(프랙털)를 무시하고 기존 배치로 돌아가려는 것은 쉽지 않을 수 있다. 아마 표현에 좀 차이가 있겠지만, 이런 식의 말이 나올 것이다. "한 나무를 보면서 오로지 예쁘다는 생각만 하던 날이 너무 그리워. 지금은 무엇을 변형시키면 저 나무 모양이 될까 하는 생각이 저절로 떠올라." 이런 학생들을 생각하면, 존 뮤어John Muir(또는 레이철 카슨Rachel Carson이나 에드워드 애비Edward Abbey)가 프랙털을 몰랐던 것이 다행이라고 볼 수도 있다. 상당한 심리적 외상을 감수하지 않고서는 새로운 생각을 안 본 것으로 할 방법은 전혀 없다.

1957년 1월부터 1986년 6월까지《사이언티픽 아메리칸 Scientific American》에 거의 매달 빠짐없이 "수학 게임" 칼럼을 연재한 마틴 가드너Martin Gardner는《이야기 수학 퍼즐, 아하!aha!

Insight》라는 수학 문제를 모은 책도 냈다.[15] 고정관념에서 벗어난 착상을 떠올려야 하는 문제들로서, 수학 퍼즐을 좋아하는 사람이라면 흥미를 느낄 것이다. 그러나 이런 작은 아하! 순간은 우리가 세상을 보는 방식에 돌이킬 수 없는 효과를 일으키지는 않는다.

아니면 일으킬까? 우리가 전체 세계를 보는 방식까지는 아니라고 해도, 뻔히 보이는 쉬운 것이 아니라 아주 복잡한 것을 상상하게 하는 쪽으로 우리 생각을 바꿔놓을 수도 있지 않을까? **뒤영벌 문제**bumblebee problem라는 퍼즐을 예로 들어서 이 점을 보여주기로 하자.

동서로 50킬로미터에 걸쳐 철길이 곧게 뻗어 있다고 하자. 서쪽 끝에서 기관차가 시속 30킬로미터로 동쪽을 향해 출발한다. 한편 동쪽 끝에서는 기관차가 시속 20킬로미터로 서쪽을 향해 출발한다. 둘 다 정오에 출발한다. 바로 그 시각에 뒤영벌 한 마리가 동쪽으로 향하는 기관차의 앞쪽에서 날아올라 시속 70킬로미터로 동쪽으로 날아간다. 뒤영벌은 서쪽으로 향하는 기관차에 다다르자, 몸을 돌려 다시 서쪽으로 날아간다. 그리고 동쪽으로 향하는 기관차에 닿자마자 다시 방향을 돌리는 식으로 양쪽 기관차 사이를 계속 오가면서 난다(다음 그림 참조). 그 사이에 기관차들은 계속 달리고 있으므로, 양쪽 기관차 사이의 거리는 점점 짧아진다. 여기서 질문. 뒤영벌은 양쪽 기관차가 충돌하기 전까지 얼마나 긴 거리를 날까?

나는 중학교 1학년 때 뒤영벌 문제를 접했다. 그해에 나사 NASA의 두 공학자가 세인트앨번스중학교를 방문했다. 나는 나중에 채용할 만한 과학과 수학을 잘하는 학생들을 선점하기 위해서였을 것이라고 짐작한다. 점심시간에 과학 선생님이 나를 부르더니, 오후에 그들이 강연을 하기 전에 이야기를 나누어보라고 했다. 그중 한 명이 내게 뒤영벌 문제를 설명하더니 풀 수 있는지 물었다.

좋아, 해보자. 뒤영벌이 서쪽으로 가는 기관차를 향해 날아갈 때 뒤영벌과 기관차의 상대속도는 시속 70 + 20 = 90킬

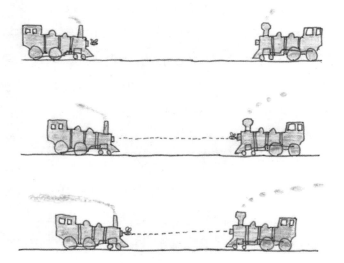

로미터다. 기관차와 뒤영벌이 가야 하는 거리는 50킬로미터이므로, 뒤영벌이 서쪽으로 가는 열차와 마주칠 때까지 걸리는 시간은 50/90시간, 즉 33⅓분이다. 이제 뒤영벌의 속도와 이동 시간을 아니까, 이동 거리를 계산할 수 있다. 거리 = 속도 × 시간이다.

또 그 시간에 각 기관차가 얼마나 멀리 움직이는지도 알아낼 수 있다. 원래의 50킬로미터에서 두 기관차가 이동한 거리의 합을 빼면, 벌과 동쪽으로 가는 기관차가 만날 때까지 얼마나 이동했는지를 계산할 수 있다. 나는 기하급수를 이미 배운 바 있다. 바로 앞의 항에 일정한 값을 곱한 수가 나오는 항들이 무한히 이어질 때, 합을 구하는 문제다. 예를 들어, 1 + ½ + ¼ + ⅛ + …는 각 항에 ½을 곱해 만든 기하급수다. 기하급수임을 알아차리고 공비가 얼마인지를 알아낸다면, 단순한 공식을 써서 합을 구할 수 있다. 그러나 뒤영벌 문제에서는 공비를 구하기가 쉽지 않았다. 종이와 연필이 있으면 아마 한 시간 안에 구할 수 있었을 것이다. 나는 그 문제를 풀 방법을 알았는데, 꽤 복잡한 방법이었다.

그러나 종이와 연필을 갖고 있지 않았고, 공학자는 내가 풀 수 있는지를 물을 뿐이었다. "생각할 시간을 줄게"라는 말은 하지 않았다. 그는 당장 대답하기를 원하는 듯했다. 내가 뭘 놓치고 있는 거지? 벌을 무시하고 기관차만 생각한다면 어떨까? 50킬로미터를 달리고, 상대속도가 시속 50킬로미터이므로, 두 기관차는 한 시간 뒤에 만날 것이다. 하지만 잠깐. 벌은 시속 70킬로미터로 나니까, 한 시간이면 70킬로미터를 날 것이다. 그것만 알면 문제를 풀 수 있지 않을까? 복잡한 기하급수는 아예 필요 없지 않을까? 나는 답했다. "70킬로미터요." 두 사람은 웃음을 지었다. 그리고 한 명이 대학을 마치면 자신들을 찾아오라고 말했다. 나는 그들을 찾아가지 않았다. 찾아갔어야 했을까?

그보다 몇 년 전에 명석한 수학자 존 폰 노이만John von Neumann에게도 누군가가 뒤영벌 문제를 제시했다. 노이만은 로스앨러모스에서 맨해튼계획에 참여했고, 아인슈타인Albert Einstein과 함께 프린스턴고등과학원에 있었고, 현대 컴퓨터 설계에 중추적인 역할을 한 인물이었다. 프랙털기하학의 창시자인 브누아 망델브로는 프린스턴에서 노이만이 마지막으로 받은 박사후연구원이다. 노이만은 어릴 때부터 여덟 자릿수 두 개를 암산으로 곱할 수 있었다. 뒤영벌 문제를 듣자 노이만은 2초쯤 허공을 응시한 뒤 답을 내놓았다. 질문자가 말했다. "요령을 간파하셨네요." 그러자 노이만이 반문했다. "무슨 요령? 급수를 계산했는데?" 노이만은 머리가 너무나 뛰어났기에, 굳이 더 단순한 접근법을 찾아볼 필요를 못 느꼈다.

학교에서 집으로 돌아오면서 이 문제를 곱씹던 시절 이래로 달라진 것은, 내가 어떤 문제는 몇 가지 방식으로 풀 수 있다는 것과 처음 머릿속에 떠오른 풀이가 불필요하게 복잡할 수도 있다는 점을 지금은 안다는 것이다.

과학자들이 국부적 아하! 순간이라고 부를 법한 작은 아하! 순간은 이 문제를 풀 요령을 찾는 것이었다. 큰 아하!, 즉 세계적인 아하! 순간은 한 문제에 대한 첫 번째 접근법이 반드시 추구하고 싶은 접근법이 아니라는 깨달음이었다. 그 전까지는 어떤 문제를 풀 전략을 알아차리자마자, 그 전략을 써서 몰두하기 시작했다. 45년이 지난 지금도 처음으로 전략을 찾아내면 한숨 돌릴 여유를 얻고 그 문제를 놓고 온갖 상상을 펼칠 수 있게 된다. 또 다른 접근법이 있을까? 교실에서 복잡한 문제를 살펴보기 시작할 때, 첫 번째 접근법을 찾아내면 나는 제자들에게 다른 접근법도 찾아보라고 말한다. 그러면 이렇게 반문하는 제자들이 꼭 있다. "왜요?" 문제를 더 단순하게 풀 방법을 찾을지도 모르며, 두 접근법을 비교하면 전에 보이지 않던 측면이 드러날 수도 있기 때문이다. 일단 그 모퉁이를 돌면, 되돌아갈 수 없다. 나는 몇몇 제자가 거기까지 도달했다고 생각하며, 그렇기를 희망한다. 대다수는 왜 굳이 두 번째 접근법을 찾는 일에 시간을 써야 하는지 납득하지 못했지만. 문제 풀이에 이 새로운 관점을 적용하는 걸 거부하는 학생이 많았다.

그렇다면 익숙한 사고방식에 향수를 느낀다는 것은 새로

운 것을 배우지 말아야 함을 의미할까? 물론 우리는 새로운 것들을 배워야 한다. 기존의 낡은 관점은 새로운 관점이 열리기 때문에 밀려난다. 이는 우리가 세계를 헤쳐 나아가는 방식이다. 그러나 낡은 관점을 버릴 수밖에 없다고 해서 반드시 대안과 설명이 없는 상황을 받아들여야 하는 것은 아니다. 우리 삶이 필연적으로 반복된 상실을 수반할지라도, 고찰 없는 상실은 견딜 수 없는 상황을 불러온다.

이제 기하학이, 우리가 자연을 이해하는 방식에 관한 통찰을 제공할 수 있다는 말이 그리 놀랍지 않게 다가올 것이다. 그러나 이 책의 목표는 다르다. 아니 적어도 다른 방향에 초점을 맞춘다. 나는 기하학이 상실감을 이해하는 방식에 관한 통찰을 제공할 수 있다는 것을 보여주고자 한다. 기하학이 우리가 문학을 해석하는 방식에 놀라움을 안겨줄 수 있음을 보여줌으로써 이 접근법을 살짝 맛보기로 하자.

호르헤 루이스 보르헤스가 1940년에 쓴 단편소설 〈원형의 폐허들In Circular Ruins〉은 《미로들Labyrinths》*이라는 단편집에 실려 있으며, 겨우 다섯 쪽 분량이다.[16] 다른 사람을 꿈꾸어서 깨어 있는 세상으로 들여보낸다는 놀라운 소설이다. 아마도. 아직 읽지 않았다면, 꼭 읽어보기를.

---

* 국내판은 《픽션들》에 실려 있다.

우리는 보르헤스가 수학에 친숙하다는 것을 안다.[17] 그는 역설과 퍼즐, 특히 무한과 관련된 것들에 매료되었다.[18] 시각 미술은 문학보다 더 직설적인 방식으로 기하학을 표현하곤 한다. 놀랄 일도 아니다. 시각 미술의 매체는 우리가 보는 형상과 우리가 보지 못하는 형상, 즉 양의 공간과 음의 공간이다. 우리는 그림의 전체를 한눈에 볼 수도 있고, 캔버스의 특정 영역만을 바라볼 수도 있다. 반면에 문학은 음악과 비슷하게 순차적으로 파악이 이루어진다. 어떤 작품 전체를 마음에 담을 수 있을 만치 철저히 이해하지 않는 한, 우리는 조금씩 순차적으로 파악하게 된다. 더 큰 패턴을 보려면 기억과 추론이 필요하다. 문학에 초점을 맞추어보자. 우리가 가진 정보는 한정되어 있으므로 — 한 소설의 모든 단어, 아마 저자의 작품 전체, 아마 저자의 삶을 조금 아는 정도 — 우리는 추론을 해야 한다. 보르헤스에게 우리 해석이 옳은지 물을 수 없다. 우리가 할 수 있는 것은 추측과 뒷받침할 이유를 분석하는 것뿐이다.

〈원형의 폐허들〉은 무한한 마을들에 있던 집에서 산자락을 격렬하게 흐르는 강을 타고 폐허가 된 원형 신전으로 온 남자의 이야기다. 그의 목표는 모든 세세한 부분까지 다 갖춘 사람을 꿈꾸어서 세상으로 들여보내는 것이다. 처음에는 학생들을 꿈꾸고 그중에 유명한 학생을 고르고자 했지만 실패했다. 하지만 두 번째 시도에서는 1년 동안 신체 기관을 하나하나 해부학적으로 결합하여 사람을 만드는 꿈을 꿈으로써 성공을 거두었다. 신전의 신은 말인 동시에 호랑이이자 황소이자 장미이자 폭풍우이며(보르헤스가 자신의 상상을 어떻게 펼치는지 보여주는 좋은 사례다—단순한 목록을 예기치 않은 방식으로 비틀어 우리의 숨을 막히게 한다), 이름은 불Fire이며, 꿈속의 사람을 세상으로 들여왔다. 불과 꿈꾸는 자만이 꿈속의 사람이 유령임을 안다. 꿈꾸는 사람은 꿈속의 사람을 2년 동안 훈련시킨 뒤, 훈련받은 기억을 지운 다음, 강 상류에 있는 두 번째 폐허가 된 신전으로 보낸다. 마찬가지로 불을 모시는 신전이다. 얼마 뒤 꿈꾸는 사람은 상류 신전에 불에 타지 않은 마법사가 있다는 소식을 듣는다. 꿈속의 사람은 자신이 꿈속의 존재임을 알아차리게 되지 않을까? 그때 불이 꿈꾸는 사람의 신전을 에워싼다. 그런데 그는 불에 전혀 타지 않는다. 꿈꾸는 사람은 자신도 꿈속의 존재임을 깨닫는다.

* * *

꿈속의 사람을 꿈꾸는 사람 자신이 꿈속의 존재라는 이 배치가 바로 우리가 해독하고자 하는 것이다. 기하학은 이야기에서 새로운 것, 숨겨진 무언가를 찾도록 도와줄 수 있을까?

꿈꾸는 사람이 꿈속의 존재라는 것은 몇 가지 기하학으로 이어질 수 있다.

1. **한 명씩만**. 이 소설에서는 꿈꾸는 사람과 꿈속의 사람이 전부다. 더 이상은 없다.

2. **꿈꾸는 사람들이 죽 이어짐**. 꿈꾸는 사람과 꿈속의 사람은 다른 꿈꾸는 사람을 꿈꾸는 사람이 죽 이어지는 무한 서열의 일부다.

3. **무한 순환**. 꿈꾸는 사람과 꿈속의 사람은 동일인이고, 시간은 약간의 잡음, 변이를 허용하면서 원을 따라 계속 도는 식으로 되풀이된다.

4. **비틀린 원(뫼비우스 띠**Möbius band**)**. 꿈꾸는 사람은 꿈속의 사람을 꿈꾸고, 꿈속의 사람은 꿈꾸는 사람을 꿈꾼다.

각 사례를 차례로 살펴보기로 하자. 우리는 각각의 기하학이 보르헤스의 상상에 어떻게 들어맞는지 추론하고 있다는 점을 명심하자. 사람마다 내리는 결론이 다를 수도 있다.

한 명씩만. 소설의 주인공을 꿈꾸는 초꿈꾸는 사람ur-dreamer이 있다. 따라서 초꿈꾸는 사람은 꿈꾸는 사람을 꿈꾸고, 꿈꾸는 사람은 꿈속의 사람을 꿈꾼다. 그렇다면 꿈속의 사람은 어느 누구도 꿈꾸지 않는다는 것일까? 그것은 보르헤스의 상상에서 나온 이야기치고는 야만적이고 우아하지 못하고, 비대칭적인 구조다. 이 가장 우아한 이야기꾼이 그런 진부한 개념을 전달하고자 아름다운 산문을 썼을 것이라고는 믿을 수 없다.

꿈꾸는 사람들이 죽 이어짐. 과학계에 오래전부터 떠도는 이야기가 하나 있다. 한 과학자(버트런드 러셀Bertrand Russell, 칼 세이건Carl Sagan 등 많은 과학자가 이 이야기의 주인공으로 등장했다)의 천문학 강연이 끝난 뒤 한 청중이 말한다. 세상은 사실 거대한 코끼리 네 마리가 떠받치고 있고, 그 코끼리들은 거대한 거북이 떠받치고 있다고. 과학자는 빙긋 웃으면서 묻는다. "그러면 거북은 뭐가 떠받치고 있나요?" 청중은 답한다. "아주 똑똑한데 모르시네요. 다른 거북이 받쳐요. 그렇게 죽 이어져요."

보르헤스가 이 이야기를 알고 있었는지는 모르겠지만, 이 이야기는 적어도 19세기 중반부터 여러 형태로 널리 떠돌았다. 그리고 보르헤스는 무한의 기초 수학을 분명히 잘 알고 있었다.[19] 하지만 이 모형이 보르헤스 이야기의 토대일 가능성이 낮은 이유가 두 가지 있다.

첫 번째는 보르헤스의 페어플레이 감각이라고 부를 수 있는 것이다. 꿈꾸는 사람과 꿈속의 사람이 무한히 많다면, 그가 단 2명만 말하고 다른 이들이 있다는 단서를 전혀 제시하지 않았을 이유가 없지 않을까? 그들의 이야기, 그들이 서로 어떻게 연결되어 있다는 식의 이야기는 전혀 없다. 무한히 많은 이가 원칙적으로도 알려지지 않은 채 영구히 숨겨져 있다면, 단 두 인물만 이야기하는 것이 무슨 의미가 있을까? 보르헤스가 오컴의 면도날을 알고 있었던 것은 분명하다. 오컴의 면도날은 흔히 "가장 단순한 설명이 들어맞을 가능성이 가장 높다"는 식으로 표현된다. 그러나 오컴의 윌리엄William of Occam이 원래 했던 말(라틴어를 번역하자면)은 이렇다. "존재는 필요 이상으로 중복되어서는 안 된다." 이 말은 여기에 딱 들어맞는다. 중복되는 인물들의 무한집합은 오컴의 면도날에 들어맞는 이야기 구도와 무한히 거리가 멀다.[20]

두 번째는 시간적으로 맞지 않는다. 〈원형의 폐허들〉에서 꿈꾸는 사람은 자신이 꿈속의 사람보다 더 오래 현실 속에 있다는 착각을 이어간다. 따라서 꿈속의 사람들을 따라 계속 나아갈수록 이 시간은 점점 짧아지며, 이윽고 불가능할 만치 짧아진다. 반대 방향으로 가면 꿈꾸는 시간은 점점 더 길어지는데, 이 점도 문제가 된다.

무한 순환. 꿈꾸는 사람과 꿈속의 사람이 동일인일 수 있을까? 그렇다면 이야기는 원을 그리면서 돌게 될 것이다.[21] 원형 시간이라는 개념은 보르헤스에게 친숙했다. 사실 그는 〈원형 시간Circular Time〉이라는 평론도 썼다.[22] 그 글에서는 고려할 핵심 내용이 "비슷하지만 똑같지 않은 원들이라는 개념"이라고 제시한다. 매번 원을 돌 때마다 이전의 원과 적당히 다른 양상이 드러날 수 있다. 그런데 얼마나 다를까? 꿈꾸는 사람과 꿈속의 사람이 폐허가 된 신전에 들어가기 전의 경험이 다르다는 것은 적당한 차이라고 할 수 있다. 소설에서는 꿈꾸는 사람이 이렇게 묘사되어 있다. "누군가가 그에게 이름이나 이전 삶의 어떤 특징을 물었다면, 그는 답할 수 없었을 것이다." 꿈속의 사람은 이렇게 묘사하고 있다. "그[꿈꾸는 사람]는 그[꿈속의 사람]에게 실습생 시절을 완전히 잊게 했다." 양쪽 다 자신이 신전에 들어가기 전에 어떤 일이 있었는지 잘 모르므로, 이 차이는 이야기가 펼쳐지는 방식에 중요하지 않다.

반면에 꿈꾸는 사람과 꿈속의 사람은 자신이 실재하는지를 생각하면서 보내는 시간이 상당히 다르다. 이 차이는 각자의 이야기에 상당한 영향을 미칠 수 있으므로 ― 어떻게 그렇지 않을 수 있겠는가? ― 우리는 이 차이가 중요하다고 생각한다. 꿈꾸는 사람과 꿈속의 사람은 같을 수 없다. 보르헤스의 소설은 원형기하학을 지지하지 않는다.

비틀린 원. 지금까지 우리는 꿈꾸는 사람과 꿈속의 사람이라는 서로 다른 두 인물이 있다고 가정해왔다. 첫 번째 시나리오에서 대칭의 문제를 제기했다. 특히 왜 꿈속의 사람이 꿈꾸는 사람이 아닌지를 설명했다. 두 번째 시나리오에서 언급된 문제인 꿈꾸는 사람들의 무한집합을 피하고자 할 때, 고리야말로 확실한 해결책이다. 꿈꾸는 사람은 꿈속의 사람을 꿈꾸고, 꿈속의 사람은 꿈꾸는 사람을 꿈꾸는 것이다. 다음 쪽의 내 스케치는 뫼비우스 띠라는 모양의 기하학을 써서 이를 체계적으로 보여주고 있다. 뫼비우스 띠는 한쪽 모서리와 면만 있는 띠다. (어릴 때 산수 시간이나 미술 시간에 배운 뫼비우스 띠를 떠올려보라. 종이를 길게 띠 모양으로 잘라서 반을 비틀어 양끝을 풀로 붙이면 된다.) 뫼비우스 띠의 모든 지점을 시간이라고 하면, 시간은 원이 되고 각 인물은 서로를 꿈꿀 수 있다. 세 번째 시나리오에서 말했듯이, 보르헤스는 원형 시간이라는 개념에 친숙했다. 지금 우리는 뫼비우스 띠 전체가 필요하지 않다. 그 원의 어느 한 지점(즉, 특정한 시간)이 주어질 때, 두 점만 더 있으면 된다. 그 시간에 꿈꾸는 사람을 나타내는 점과 꿈속의 사람을 나타내는 점이다. 더 전문용어를 쓰자면, 소설은 뫼비우스 띠의 경계를 이룬다. 분명히 꿈꾸는 사람이 사람을 현실로 들어오는 꿈을 꾸는 첫 실험을 시도하던 시간에는 꿈속의 사람은 실제 꿈이 아니라 잠재적 꿈이다. 우리는 이를 단순한 변이 사례라고 볼 수 있다. 문학의 구조에서 기하학을 찾을 때 쓰는 '충분히 가까운'이라는 기준에 들어맞는다.

　우리는 기하학적으로 생각하다가 여기까지 이르렀다. 소설에서 살짝 비추긴 하지만, 처음 읽을 때 충격적으로 다가오는 마지막 문장은 이야기의 끝이 아니다. "안도감과 수치심과 두려움이 함께 치솟는 가운데 그는 자신 또한 남이 꾸는 환영에 불과하다는 것을 깨달았다." 이 이야기에는 끝이 없다. 비록 미미한 변형이 일어날 수 있긴 하지만, 동일한 원에 갇힌 자기 생성적인 자율적 우주다. 보르헤스는 〈원들의 교리The Doctrine of Cycles〉라는 평론에서 유한한 우주들이 원형 특성을 지닌다고 추정하면서 나름 계산한 결과를 제시했다. 기하학을 통해 〈원형의 폐허들〉은 이 영원한 반복이 이야기로 표현된 것이라고 추론하게 된다.

영원한 반복이 우리가 '무한'이라는 단어를 만지작거릴 때

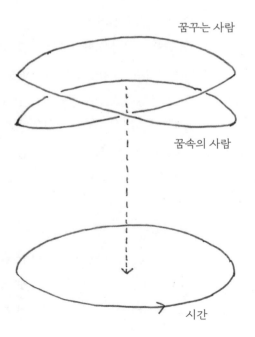

느낄 수밖에 없는 수치심에 관해 어떤 교훈을 제공하는지를 이야기하면서 이 장을 끝내기로 하자. 시간의 반복이 아니라 공간이 무한하다고 할 때 공간에 변이를 수반한 우리 자신의 사본들이 있을 가능성을 생각해보자. 우리는 무한 공간의 아주 작은 일부만을 보고 있다. 즉, 우리가 현재 지구에서 볼 수 있는 것은 **관찰 가능한 우주**다. 빅뱅 이래로 약 140억 년이 흘렀다. 여기에 초기 우주 인플레이션의 효과까지 더해졌기에, 관찰 가능한 우주는 지름이 약 930억 광년이다. (왜 280억 광년이 아니냐고? 인플레이션 때문이다.)

공간이 무한하다면, 많은—사실상 무한히 많은—평행 우주로 채워져 있을 것이다. 평행 우주는 우리로부터 멀리 떨어진 다른 세계들에서는 관찰 가능하지만, 우리는 관찰할 수 없는 우주다. 평행 우주 집합 전체를 **다중우주**라고 한다. 또 다른 이론이 있는데, 아주 큰 규모에서(이를테면 은하단보다 훨씬 더 큰 규모) 볼 때 물질이 공간에 거의 고르게 분포해 있다는 것이다. 관찰 가능한 우주를 측정한 값들은 그렇다는 것을 시사한다. 맥스 테그마크Max Tegmark는 《사이언티픽 아메리칸》에 쓴 〈평행 우주들〉이라는 기사와 더 상세히 다룬 《맥스 테그마크의 유니버스Our Mathematical Universe》에서, 이 두 가정(무한 공간, 물질의 균일 분포)을 토대로 할 때 우리에게서 약 $10^{10^{118}}$미터 떨어진 곳(정말로 큰 수다)에 우리 우주와 **똑같은** 평행 우주가 있을 것이라고 추정한다.[23, 24] 모든 면에서 똑같다. 우리의 관찰 가능한 우주와 양자 상태까지 똑같다. 거기에서 우리는 자신의 사본을 보게 될 것이다. 뇌 구조, 신경 연결, 기억 등 모든 것이 우리 자신과 똑같은 존재다. 게다가 이 똑같은 우주의 사본은 무한히 많다. 즉, 우리의 사본이 무한히 많다. 그러나 여기서 내가 말하고자 하는 요지는 그것이 아니다.

먼저 일부 우주론자(테그마크를 포함한)가 이런 평행 우주를 어떻게 생각하는지 살펴보자. 빅뱅 직후의 에너지 요동은 초기 조건에 어느 정도의 무작위성을 빚어냈을 것이므로, 충분히 멀리까지 살펴본다면 우리는 물리법칙이 허용하는 모든 가능한 배치를 볼 수 있을 것이다.

공간이 진정으로 무한하다면, 엄청나게 먼 곳에 관찰 가능한 우리의 우주와 똑같은 평행 우주들이 있다. 우리 우주에서… 수업 시간에 내가 책상 위에 분필을 든 채로 이렇게 묻는다는 것만 빼고서다. "내가 이 분필을 떨어뜨릴까, 안 떨어뜨릴까?" 때에 따라서 떨어뜨릴 수도 있고 떨어뜨리지 않을 수도 있다. 어느 쪽이든 간에 그렇게 한다면, 나는 이렇게 말할 수 있다. "상상도 할 수 없이 멀리 떨어진 곳에 내가 한 것과 정반대로 하는 것만 다를 뿐, 관찰 가능한 우리의 우주와 똑같은 사본이 하나 있다."

그런데 나만 분필을 떨어뜨릴지 말지 하는 사소한 짓을 하는 것이 아니다. 당신의 삶에서 일어나는 가능한 모든 변이 사례를 생각해보라. 당신의 삶에서 어떤 순간에 일어난 변화와 그 결과만이 다를 뿐 다른 모든 면에서 똑같은 평행 우주가 매번 생겨난다. 그리고 당신의 삶만이 아니라 모든 사람의 삶을 생각해보라. 또 단 한 번의 변화가 아니라 모든 변화의 조합을 생각해보라. 우리 인간의 삶에서 이루어지는 변화만이 아니라 모든 풀잎, 모든 모래알, 모든 행성의 만물, 모든 별의 모든 플라스마, 컴컴하고 깊은 진공에 흩어져 있는 한 은하의 모든 별에서 일어나는 모든 변화를 생각해보라.

그런 뒤 이 점을 생각해보라. 설령 우리가 무한의 수학을 다루는 법을 안다고 해도, 과연 무한을 **이해한다고** 말할 수 있을까? 내가 고양이에게 일반상대성이론의 장 방정식을 가르치는 쪽이 더 성공할 가능성이 높을 것이다. "자, 비퍼티, 공변 미분을 정의해보자." 말도 안 되는 이야기다.

다음 장으로 넘어가기 전에 세 가지만 더 말해두자. 테그마크는 《맥스 테그마크의 유니버스》에서 우주가 그저 수학 모형에 잘 들어맞는 차원이 아니라고 말한다. 우주 자체가 수학이라고 말한다. 이 견해는 과학계에 널리 받아들여지지 않았고, 나도 아직 믿는다고는 말할 수 없지만 혹할 만한 개념이다.

여기서 우리는 논의 대상을 교체할 수 있다. 즉, 무한 공간을 무한 시간으로 바꿀 수 있다. 그럴 때 열역학 제2법칙은 한 가지 문제를 제기한다. 이 법칙은 닫힌 계에서는 그 계의 무질 서도의 척도인 엔트로피가 증가하거나 일정하게 유지되는 경 향이 있다고 말한다. 문제는 이것이다. 엔트로피가 증가한다 는 말은 과거에는 엔트로피가 더 낮았고, 빅뱅 때에는 아주 낮 았음을 의미한다. 저엔트로피 배치가 고엔트로피 배치보다 덜 흔한데, 계가 질서를 이루는 방식보다 무질서해지는 방식 이 훨씬 더 많기 때문이다. 예를 들어, 커피 잔이 깨지지 않은 방식(높은 질서, 낮은 무질서, 낮은 엔트로피)은 한 가지뿐이지만, 깨지는 방식(높은 무질서, 높은 엔트로피)은 아주 많다. 그렇다면 빅뱅 때에는 엔트로피가 왜, 어떻게 그렇게 낮았을까? 엔트로 피의 수학적 정의를 내리고 특정한 엔트로피에서의 상태 수 를 토대로 열역학을 통계역학적으로 정립한 루트비히 볼츠만 Ludwig Boltzmann은 이 문제에 대담한 접근법을 취했다. 정확히 이 문제는 아니었다. 그는 조지 가모George Gamow와 랠프 앨퍼Ralph Alpher가 빅뱅 모형의 계산 결과를 발표하기 훨씬 전인 1906년 에 세상을 떠났으니까.[25] 볼츠만의 접근법은 이러했다. 우주 는 거의 언제나 높은 엔트로피 상태에 있다. 열복사가 거의 균 일하게 분포해 있는 추운 상태다. 그러나 시간이 무한하다면, 결국에는 무작위 요동을 통해 국지적으로 엔트로피가 더 낮 은 곳이 생길 것이다. 그런 일이 일어날 가능성이 아무리 작든 간에, 그런 요동을 통해 엔트로피가 아주 낮은 지점이 나타날 것이고, 먼 훗날 우리에게는 그것이 빅뱅처럼 보일 것이다. 그리고 (아마 예상했겠지만) 요동은 단 한 번이 아니라 무한히 많이 일어나며, 온갖 가능한 변이 양상을 지닐 것이다.

숀 캐럴은 《현대물리학, 시간과 우주의 비밀에 답하다From Eternity to Here》에서 볼츠만의 방법을 제시했다.[26] 나는 그 논증에 홀딱 반했다. 비록 캐럴은 뒤에서 볼츠만의 방법에 몇 가지 반론을 제기하지만. (캐럴의 책에서 '볼츠만 뇌'를 검색하면 이런 반론 중 하나를 산뜻하게 정립한 대목이 나온다.)

캐럴은 흥미롭긴 하지만, 아직 모든 우주론자에게 받아들여지지 않은 다른 설명도 제시한다. 양자 중력의 세계(제대로 이해하려면 아직도 **까마득히** 먼)에서는 시공간 자체가 요동칠 수 있다. 이런 요동 중 일부는 다른 우주에서 떨어져나가 낮은 엔트로피 상태에서 시작해 팽창하여 다른 우주를 형성하는 **아기 우주**가 될 수 있다. 이런 아기 우주를 낳는 요동은 무작위성을 띠기에 아주 다양한 초기 조건을 빚어낼 수 있으므로… 이제 당신은 뒷부분을 채울 수 있을 것이다.

당신은 우리가 비탄이라는 주제로부터 아주 멀리까지 떠돌고 있다고 느낄지도 모르지만, 그렇지 않다. 사랑하는 이를 돌이킬 수 없이 잃는 참담한 순간에, 나는 어떤 평행 우주나 어떤 먼 미래에 비탄의 불길을 누그러뜨릴 방법을 찾은 또 다른 내가 있을 것이라고 생각하면서 좀 위안을 얻었다.[27] 나는 그와 대화를 나눌 수 있기를 바라지만, 물론 불가능하다. 하지만 아마 언젠가는 내가 그 사람이 될 것이다. 또는 당신은 또 다른 자신이 될 것이다. 그러면 우리는 아주 유용한 대화를 나눌 수 있을 것이다.

2

비탄

Grief

우리의 상실을 더 창백한 유령으로 길들이는 방법 ─ 피터 헬러
─────

어떤 이들은 비탄이 스테로이드에서 비롯되는 가벼운 슬픔과 다를 바 없다고 여긴다. 그러나 나는 비탄이 심리적으로도 철학적으로도 가벼운 슬픔과 다르다고 본다. 나는 기분 좋게 공원으로 산책을 가서 무라카미의 새 소설을 읽기로 마음먹은 날에 폭우가 내리기 시작해 온종일 쏟아진다면 슬프다. 이는 불편함, 실망이지만 불가능성을 의미하지는 않는다. 다른 날, 다른 산책, 그리고 (바라건대) 무라카미의 새 소설이 있을 것이다.

반면에 어머니의 관 옆에 서 있었을 때 나는 어머니가 떠났다는 것을 알았다 ─ **인식했다**. 더 이상 대화도 없을 것이고, 어머니의 품에 꼭 안기는 일도 없을 것이며, 가장 어릴 때부터 받았던 편안함과 안전하다는 느낌도 마지막 작별 인사와 함

께 끝이 났다는 것을. 몇 주 전에 어머니가 갑자기 뇌졸중으로 세상을 떠나시면서였다. 이것이 바로 비탄이며, 돌이킬 수 없는 것이다.

어머니가 돌아가신 지 얼마 안 되었을 때, 한 학생이 수업 과제로 중력에 관한 자료를 모으는 중이라면서, 내게 중력에 관한 짧은 글을 써달라고 요청했다. "원하는 대로 쓰시면 돼요. 중력이라는 말이 들어가 있기만 하면요." 나는 중력과 어머니에 관해 썼다.

중력은 내 발을 땅에 붙들고 있어요. 중력은 지구를 태양 주위로 계속 돌게 하고, 태양을 은하 가장자리에서 춤추게 하고, 은하를 국부 은하단으로 묶는 등의 일을 합니다.

중력은 하늘에서 비를 내리게 해요. 눈송이도요. 가을에는 낙엽도요. 그리고 당신이 정말로 사라졌다는 것을 알았을 때 내 눈에서 눈물도 흘러내리게 했지요. 당신은 어디로 갔나요? 왜 더 이상 볼 수 없나요? 왜 나는 당신의 얼굴이 기억나지 않을까요?

과연 누가 중력을 무시할 수 있을까요? 새는 아니에요. 그저 우리보다 중력을 조금 더 잘 거스를 수 있을 뿐이지요. 물고기는 중력을 무시할 수 있어요. 부레를 지니고 살아간다고 상상해봐요. 어떤 미묘한 방식으로 부레를 누르면 구름 위에서, 구름을 뚫고 발레를 출 수 있겠지요. 산꼭대기에 살짝 발을 디뎠다가 밀면서 하늘로 날아오를 수 있을 거예요.

이것은 여기와 저기 사이의 거리가 잘못된 질문의 답임을 배우는 방법이에요. 내가 당신에게 올바른 질문을 할 수 있을까요? 한번 알아보죠.

전에 나는 중력이 내 마음을 과거로, 기억에 새겨져 있는 옛 시절로 끌어당긴다고 생각했어요. 하지만 지금은 기억을 믿을 수 없다는 것을 알아요. 꾸며내는 것도 있고, 모든 기억은 편집된다는 것을요. 나를 이루는 것들의 그물 전체—내가 본 것과 한 것, 내가 갈고닦은 능력—는 뿌연 안개에 불과하지요.

중력은 나를 미래로 끌어당기며, 나아가는 가운데 나는 조금씩 떨어져나가요. 우리 각자는 가능성의 안개 속으로 사라져요. 우리 마음속에서 시간은 중력의 이면이에요.

삶을 마감하는 순간에 나는 당신을 다시 보게 될까요? 단 한순간, 언뜻 보기만 해도 좋겠어요. 내 바람은 오로지 그것뿐이에요. 내 기억이 사라진다면, 당신을 보고, 얼굴을 만지고, 손을 잡고, 당신의 눈동자에 비치는 내 얼굴을 볼 기회가 전혀 없을까요? 왜 눈물이 멈추지 않을까요? 왜 숨이 막힐까요? 사방이 너무나 비좁고 어두컴컴해요. 이 글을 끝내기 전에 당신을 보고 싶…

나는 어머니가 아프다는 경고를 전혀 받지 못했다. 우리 부부는 몇 주 전에 부모님 집을 들렀다. 어머니가 세상을 떠난

날 아침에 나는 어머니와 전자우편을 주고받기까지 했다. 그
날 저녁 어머니는 아버지와 함께 지역 뉴스를 시청하다가 소
파에서 일어나려고 했다. 그런데 일어날 수가 없었다. 어머니
는 다시 시도했지만, 마찬가지였다. 아버지는 어머니의 왼손
을 잡았지만, 어머니는 손조차 쥘 수 없었다. 또 어머니의 얼
굴 왼쪽이 축 처지고 있었다. 아버지는 말했다. "911 부를게."
그러자 어머니가 말했다. "아니, 스티브한테 연락해." "몇 번이
지?" "일, 이, 삼, 사." 그리고 어머니는 정신을 잃었다. 그날 밤
늦게, 스티브가 그 소식을 전했다. 우리는 비탄한 심경으로 장
례를 치르러 웨스트버지니아로 향했다.

　　우리는 전혀 준비가 되어 있지 않았다. 어머니는 생애의
마지막 10년 동안 거의 그 모습 그대로였다. 머리가 희어지고,
거동이 좀 느려지고, 크리스마스 때마다 수백 개씩 구워서 이
웃들과 가족들에게 나누어주곤 하던 쿠키 수를 줄였을 뿐이
었다. 그래도 여전히 온 가족이 모일 때면 상냥하고 총기 있고
행복해하던 모습을 그대로 유지했다. 그러다가 한순간에 돌
아가셨다. 아버지만 홀로 남았다. 60년 동안 식탁 앞에 앉아서
함께 식사를 하던 아내, 아버지가 흔들의자에 앉아서 서부영
화를 볼 때면 소파에 앉아서 신문을 읽던 아내는 더 이상 없었
다. 내 전자우편 수신함에 더 이상 어머니의 이름으로 온 편지
가 없었고, 전화기에서 어머니의 목소리를 들을 수도 없었고,

밤늦게까지 주방 식탁에 함께 앉아서 이야기를 나눌 일도, 내가 미처 깨닫지 못했던 관점을 접하고서 놀라는 일도 없을 터였다. 모두 사라졌다. 대비하지 않은 상태에서 갑작스럽게 닥친 일이기에 너무나 허망했다. 어머니가 돌아가신 지 이제 10년이 되었지만, 나는 지금도 가슴이 에인다. 그 감정은 가벼운 슬픔과 질적으로 다르다.

이런 비탄과 비 오는 날의 슬픔이 다르다는 점을 강조하기 위해서, 비가 옴으로써 산책을 못할 때 상실하는 것이 뭐가 있을지 잠시 생각해보자. 공원까지 산책을 못한다는 것과 그 산책을 통해 접할 것들을 놓치게 되리라는 점은 분명하다. 더 나중에 산책을 한다면 피어 있는 꽃도, 나무에 잎이 피어 있는 정도도, 돌아다니는 개도, 하늘의 새도 다를 것이다. 나는 다른 쪽, 아니면 다른 책을 읽게 될 것이다. 그 사이에 앞서 산책을 하고자 한 당시에는 하지 않았던 경험도 추가될 것이다. 이런 경험은 내 세계 모형을 바꿀 것이고, 내가 읽을 책과 공원에서 보는 것을 해석하는 맥락도 바꿀 것이다. 그러나 대개 그런 변화는 상실감을 수반하지 않는 사소한 것들이다. 이는 닫힌 문이 아니다. 약간의 지각변동이다. 그리고 내가 말할 수 있는 한, 눈에 띄는 효과를 일으키지 않는 변동이다.

카오스 이론이라고 불리는 것에서 얻은 교훈을 받아들인다면, 어떻게 약간의 변동이 가시적인 효과를 일으키지 않을 것이라고 말할 수 있는지 의아해할지도 모른다. 카오스 이론의 기본 개념은 19세기 말에 앙리 푸앵카레가 처음 내놓았지만, 잊혔다가 재발견되기를 20세기에 몇 차례 되풀이하다가 이윽고 1976년 로버트 메이Robert May의 집단생물학 논문과 1987년 제임스 글릭James Gleick의 책 《카오스Chaos: Making a New Science》를 통해 대중문화에 도입되었다.[1] 얼마나 인기를 얻었을까? 〈심슨 가족〉의 "공포의 나무집 VTreehouse of Horror V" 편 중 "시간과 처벌Time and Punishment" 장의 핵심 주제가 될 정도였다. 〈심슨 가족〉은 현대 문화의 중요한, 아마도 가장 중요할 판정자다.

카오스의 한 가지 특징은 작은 변화가 큰 효과를 일으킬 수 있다는 것이다. 에이브러햄 심슨의 말에 따르면 이렇다. **"시간을 거슬러 올라간다면, 절대로 발을 내딛지 마. 가장 작은 변화도 네가 상상조차 할 수 없는 방식으로 미래를 바꿀 수 있으니까."** 수학과 과학에서는 이를 **초기 조건에 민감한 의존성**이라고 한다. 수업 시간에 나는 더 학술적인 정의부터 제시한 뒤, 이렇게 풀어 쓴다. 그런 뒤 "시간과 처벌" 영상을 보여준다. 내가 말할 수 있는 한, 학생들은 대부분 내가 초기 조건에 민감한 의존성을 설명하는 방식을 〈심슨 가족〉 작가들이 참고했다고 생각했다. 실제로는 정반대다.

초기 조건에 민감한 의존성은 **나비 효과**butterfly effect라고도

한다. "보스턴에서 한 나비의 날갯짓이 텍사스에 토네이도를 일으킨다"는 식으로 요약되곤 한다. (장소는 취향에 따라 얼마든지 바뀐다.) 그러나 사실 초기 조건에 민감한 의존성은 이를 뜻하는 것이 아니다. 내 동료 데이브 피크Dave Peak는 나비 한 마리가 날개를 치는 데 드는 작은 에너지가 토네이도의 엄청난 에너지를 불러낼 수는 없다고 지적한다. 사실 푸앵카레의 원래 정의에도 그 점이 언급되어 있었다.

우리는 대개 대기가 불안정한 평형 상태에 있는 곳에서 큰 교란이 일어난다는 것을 안다. 기상학자들은 이 평형이 불안정하다는 것, 사이클론이 어딘가에서 형성되리라는 것을 아주 잘 알지만, 정확히 어느 지점에서 생길지는 말하지 않는다. 어느 지점이라고 약 0.1도 단위까지 적시하고, 사이클론이 저기가 아니라 여기에서 출현할 것이고 어느 지역까지 피해를 입힐 것인지를 말하지 않는다. 0.1도까지 짚을 수 있었다면 미리 알 수는 있었겠지만, 그런 관찰은 충분히 포괄적이지도 정확하지도 않으며, 그것이 바로 그 모든 것이 우연의 개입처럼 보이는 이유다.

작은 변화는 큰 차이를 **일으키지** 않을 수도 있지만, 우리가 정확히 측정할 수 없어서 우리 눈에 보이지 않기에, 큰 변화가 일어날지 여부와 언제 어디에서 일어날지를 **예측하는 우리**

능력을 방해할 수 있다. 카오스는 짧은 기간을 넘어설 때 우리 예측 능력이 붕괴하는 것을 말한다.

이것이 바로 카오스가 가벼운 슬픔과 비탄의 구분과 별 관계가 없는 이유다. 비탄은 예측에 관한 것이 아니다. 예상은 (대개) 돌이킬 수 없는 것이 아니며, 따라서 (대개) 비탄이 아니다. 2002년 내 동생 스티브는 만성림프구백혈병 진단을 받았다. 그 뒤로 오하이오 콜럼버스의 제임스 암 병원에서 계속 치료를 받았다. 그런데 2010년 1월에 쓰러지고 말았다. 아주 다행히도 병원에서 영상 촬영을 하고 있을 때였다. 백혈구 수가 정상 최대값의 60배까지 올라가 있었고, 헤모글로빈 수는 정상 최소값의 4분의 1에 불과했다. 콩팥도 망가진 상태였다. 동생은 응급실, 이어서 중환자실로 옮겨졌다. 투석을 받고 인공호흡기를 달았다. 적십자사에서 수혈용 피가 도착할 때까지, 피를 빼내어 원심 분리하여 백혈구를 대부분 제거한 뒤 혈장과 다시 섞어 몸속으로 보내는 과정을 계속했다. 스티브는 몸부림치기 시작했고, 움직임에는 산소가 사용되는 데 혈액이 산소를 충분히 공급할 수 없기에 의료진은 마취제를 투여했다. 의료진은 병원에 대기하고 있던 부인인 킴과 내 여동생 린다에게 임종 준비를 하고 알릴 사람들에게 전화하라고 말했다. 우리는 동생이 그날 밤을 넘기지 못할 것이라고 예상했다.

그날 밤 내내 나는 온몸이 화끈거리고 근질거렸다. 스티브,

린다와 함께했던 여러 해에 걸친 기억들이 한꺼번에 떠올랐고, 그 탓에 지금까지도 잘리고 뒤섞여 실제 역사적 순서와 무관하게 연결된 형태로 남아 있을 정도다. 걱정 때문에 도저히 눈을 붙일 수 없었다. 우리는 의사가 침울한 표정으로 와서 스티브의 사망 소식을 전달할 것이라고 예상하면서 밤을 꼬박 샜다. 이 두려움은 우리를 아프게 했다. 끔찍하게 아프게 했다. 그러나 동생이 회복되어 임상 시험을 받을 가능성도 있긴 했다. 그날 밤은 끔찍했지만, 우리가 아는 한 돌이킬 수 없는 것이 아니었다. 그리고 우리는 두려움에 시달렸지만 스티브는 살아남았고, 다음 날 그다음 날도 계속 살아 있었다. 약 열흘 뒤 그는 집으로 돌아왔다. 그리고 임상 시험에 참가했고 10년 뒤인 지금도 살아 있다.

그 끔찍한 밤에 우리 감정은 비탄이 아니었다. 절망에 가까운 걱정과 두려움이었지만, 분명히 비탄은 아니었다.

비탄에 관한 아주 잘 알려진 이야기 중 하나는 C. S. 루이스 C. S. Lewis의 《헤아려본 슬픔 A Grief Observed》이다.[2] 내가 볼 때 루이스는 자신의 종교를 통해 슬픔을 희석하는 동시에 슬픔에 대한 자기 반응의 깊이를 흐릿하게 만들고자 애쓰기에, 이 책은 논의하지 않기로 한다. 물론 당신은 견해가 다를 수 있다.

이어서 비탄을 겪은 자신의 경험을 상세히 다룬 조앤 디디온 Joan Didion의 책들을 살펴보기로 하자.[3] 《상실 The Year of Magical

Thinking》은 남편 존 그레고리 던의 죽음으로 자신의 세계가 어떻게 돌이킬 수 없이 변했는지를 섬세하게 살펴보고 있다. 디디온은 하루하루 겪는 일들에 초점을 맞추고 있는데, 딸 퀸태나가 중병에 걸리는 바람에 더욱 상황이 복잡해진다. 나는 2장의 끝부분에서 현안의 복잡성을 처음으로 알아차렸다.

> 나는 존이 죽었다는 것을 알고 있었다…. 하지만 이 소식을 최종적으로 받아들일 준비가 전혀 되어 있지 않았다. 일어난 일을 되돌릴 수 있는 여지가 남아 있다고 믿고 있었다….
> 그가 돌아올 수 있도록 혼자 있어야 했다. 그로부터 마법적인 생각에 빠지는 한 해가 시작되었다.

17장에서 디디온은 그 길었던 해 내내 자신을 사로잡고 있던 개념을 털어놓는다.

> 비통은 다다르기 전까지는 아무도 모르는 곳임이 드러난다…. 우리는 상실감으로 쓰러지고 슬픔에 잠기고 미쳐버릴 것이라고 예상한다. 하지만 남편이 곧 돌아올 테니 신발이 필요할 것이라고 믿고서 침착하게 행동하는, 말 그대로 미칠 것이라고는 예상하지 않는다.

그리고 그녀는 예견하는 슬픔에 관해 이렇게 말한다.

게다가 뒤따를 끝없는 부재, 공허, 의미의 정반대, 무의미 자체
를 겪게 될 무자비한 순간들의 연속을 미리 알 방법은 전혀 없다
(이것이 바로 상상한 비통함과 실제 비통함의 결정적인 차이다).

디디온은 자기 삶과 생각의 세세한 사항들에 초점을 맞추
고 있기에, 나는 그 분석의 정교함과 깊이를 이해하는 데 시간
이 걸렸다. 그녀의 이야기는 주로 사실들을 다루는 듯했지만,
실제로는 그렇지 않다는 것을 서서히 깨닫게 되었다.

디디온의 《푸른 밤Blue Nights》은 《상실》의 속편이라고 볼 수
도 있다. 남편이 사망한 지 20개월이 지난 뒤에 딸의 죽음을
겪으면서 느낀 일들을 담은 명상록이다. 상실과 비탄을 향한
그녀의 접근법은 사려 깊고 감동적이며 내가 예상하지 못한
인식을 담고 있다.

비탄을 더 감정적으로 다룬 사례도 있는데, 피터 헬러Peter
Heller의 소설 《도그 스타The Dog Stars》가 그렇다.[4] 화자인 힉과 그
의 개 재스퍼는 새로운 독감이 유행하면서 인류가 거의 전멸
하다시피 한 세상에서 살아간다. (이 대목을 처음 쓸 때에는 코로
나19 팬데믹이 시작되기 전이었다. 그래서 나는 헬러의 소설이 허구
로 남아 있기를 바라지만, 2020년 말에 미국 정부가 과학자들의 조

언을 무시하는 정책을 펼치는 바람에 헬러의 디스토피아 중 일부를 실제 세계로 들여올 수도 있겠구나 하는 두려움을 느낀다.) 어느 날 밤 재스퍼가 죽는다. 헬러는 힉을 의기소침하게 만드는 비탄을 이렇게 그리고 있다.

아침에 깨어나니 몸이 뻣뻣하다. 침낭과 재스퍼가 서리로 덮여 있다. 내 양털 모자도 그렇다.

녀석, 추웠겠구나. 이리 와. 나는 녀석에게 덮어주려고 녀석이 깔고 앉아 있는 후빌 퀼트이불을 당긴다. 녀석은 무겁고, 꼼짝도 하지 않는다.

친구, 움직여. 덮으면 더 나을 거야. 불을 피울 테니 기다려.

녀석은 내 말을 무시한다. 나는 이불을 세게 당겨 꺼내어 녀석을 덮고, 귀를 쓸어준다. 그러다가 손이 멈칫한다. 귀가 얼어 있다. 나는 주둥이를 어루만지고, 눈을 문지른다.

재스퍼, 괜찮니? 문지르고 또 문지른다. 문지르면서 목덜미를 잡아당긴다.

뻣뻣하게 웅크린 녀석을 더 가까이 끌어당기고 퀼트이불을 덮어준 뒤, 다시 눕는다. 나는 심호흡을 한다. 알아차렸어야 했는데. 걸을 때 얼마나 힘들었을까. 어제까지 없던 눈물이 홍수처럼 쏟아진다. 댐을 무너뜨리면서 흘러넘친다.

재스퍼, 내 동생. 내 사랑….

지쳤다. 뼛속까지. 탈출에 너무나도 진을 뺐다. 비행은 이미 다른 생애에 겪은 일처럼 느껴졌다. 공항은 꿈처럼 여겨졌다. 공항이 꿈이라면 재스퍼는 꿈속의 꿈이었고, 더 이전의 일은 꿈속의 꿈속의 꿈이었다. 겹치고 또 겹치기. 꿈꾸기. 우리의 상실을 더 창백한 유령으로 길들이는 방법.

나는 마지막 문장에 경이로움을 느낀다. "우리의 상실을 더 창백한 유령으로 길들이는 방법." 이 묘사는 재스퍼가 죽을 때 힉이 느끼는 비탄을 고스란히 우리 마음속으로 옮긴다. 이는 단순한 슬픔이 아니다. 상실은 영구적이며, 상심은 돌이킬 수 없다. 비록 위 인용문의 끝에서 헬러는 비탄이 어떻게 투명해질 수 있는지를 적었지만. 이윽고 비탄은 우리 일상의 배경 중 일부, 마음이라는 태피스트리tapestry의 또 한 가닥이 된다.

반려동물의 죽음이 비탄의 바다로 자신을 가라앉힐 수 없다고 생각한다면, 당신은 반려동물을 잃어본 적이 분명 없을 것이다. 나는 기르던 고양이 한 마리가 죽었을 때 우리 부부의 눈에, 또는 동생 부부의 개가 죽었을 때 그들의 눈에 당신이 띄지 않기를 바랄 것이다. 그 비탄은 이 책의 나머지 지면을 다 채울 것이다. 그리고 그 모든 단어는 무의미할 것이다. 그 어떤 중요한 수준에서도 나는 당신이 무엇을 생각하는지 결코 알지 못할 것이고, 당신은 내가 무슨 생각을 하는지 결코

모를 것이다. 공감은 남이 어떻게 느끼는지를 아는 문제가 아니다. 공감은 자신이 남의 상황에 처했을 때 어떻게 느낄 것인가 하는 문제다. 그것이 우리가 할 수 있는 최선의 행동이다.

사례를 하나 들어보자. 내가 열 살이고 스티브가 다섯 살일 때였다. 아주 더운 여름날, 우리는 아빠와 빌 삼촌을 따라 웨스트버지니아주 세인트앨번스에서 멀지 않은 콜강의 로어폴스에 펼쳐진 모래밭으로 향했다. 그날 아침에 몇몇 가족이 더 보였다. 동생과 나는 튜브를 타고 잠시 강물을 떠다녔다. 그러다가 밖으로 나와서 폭포 옆에서 예쁜 돌을 찾아다녔다. 아빠와 삼촌은 수영을 했다. 그때 내 또래의 남자아이가 스티브 또래의 남동생과 함께 강을 건너고 있었다. 잠시 뒤 강에서 소란이 일었다. 동생 쪽이 물속으로 가라앉았기 때문이다. 형은 도와달라고 소리쳤다. 삼촌은 아이가 사라진 곳으로 튜브를 던졌다. 손이 하나 물 밖으로 올라와서 튜브를 잡으려고 했지만, 옆으로 미끄러지면서 다시 사라졌다. 아빠와 삼촌을 비롯하여 몇몇 어른들은 아이가 사라진 곳으로 헤엄쳐 가서 잠수하여 강바닥을 뒤지기 시작했다. 아이의 엄마는 울부짖었다. 한 어른은 가파른 강둑으로 기어올라 집으로 가서 경찰을 불렀다.

스티브와 나는 모래밭에 앉아 있었다. 여름 태양이 이제는 차갑게 느껴졌다. 사라진 아이의 형은 우리와 멀리 떨어지지 않은 강변에 앉아 있었다. 무릎을 세운 채 깡마른 팔로 깡마른 다리를 감싼 채 고개를 숙이고 있었다.

이윽고 경찰이 순찰선을 몰고 왔다. 그들은 무시무시하게 커다란 갈고리를 물에 집어넣어 강바닥을 긁기 시작했다. 아빠는 우리가 떠날 시간이라고 판단했다.

그날 밤에 부모님이 나눈 대화 중 기억나는 것은 얼마 없지만, 대화가 차분하고 사려 깊고 솔직했다는 것은 떠올릴 수 있다. 그것이 내가 가까이에서 본 첫 번째 죽음이었다. 루스 고모가 세상을 떠나기 2년 전이었다. 아이를 잃은, 형제를 잃은 강렬한 비탄을 처음으로 목격한 사례였다. 나는 그 형의 감정이 어떨지 상상도 할 수 없었다. 어떻게 상상할 수 있겠는가? 그러려면 그들이 어떻게 살았는지 아주 상세히 알아야 할 것이다. 그들은 친했을까, 아니면 종종 싸웠을까? 형은 동생을 잘 보살폈을까? 형은 동생의 순진한 모습을 보면서 즐거워했을까? 형이 어떻게 느꼈는지를 알려면, 이런 질문들을 비롯하여 1000가지 질문의 답을 알아야 할 것이다.

스티브가 죽는다면 어떤 느낌일지를 생각하는 것이 내가 할 수 있는 최선의 생각이었다. 지금까지 함께 지낸 5년이 우리가 함께 할 수 있는 전부라고 한다면? 동생이 기억으로 남는다면? 이야기로 남을 뿐 그 외에는 아무것도 없다면? 그것이 끝이라면? 열 살짜리는 자정부터 새벽이 올 때까지 어둠

속에서 이런 생각을 해서는 안 되었지만, 나는 했다. 나는 물에 빠져 죽은 아이의 형제가 어떤 기분일지 알지 못했지만, 스티브가 그날 물에 빠져 죽었다면 내가 어떤 기분일지 상상하려고 시도할 수는 있었다. 화끈거리고 괴로운 밤이었다.

우리는 남의 지옥으로 들어갈 수는 없지만, 남의 상황에 처한다면 자신이 어떤 지옥에 빠질지 상상할 수 있다. 그것이 우리가 비탄을 사려 깊게 생각하고 이야기하고 쓸 수 있는 방법이다. 공감이 없다면, 비탄은 우리 자신의 머리 안에 갇히게 된다. 또 계속 비탄에 잠긴 채 살아가는 이들에게는 머리가 비탄에 갇혀 있다고 할 수 있다.

그러니 결론은 이렇다. 비탄은 돌이킬 수 없으며, 우리는 우발적인 사건을 비탄할 수 없고, 예견된 비탄이란 없다. 그리고 남의 비탄을 어렴풋하게라도 이해하기 위해 어떤 방법을 쓰든 간에 그 방법은 공감이라는 렌즈를 통해 초점이 맞추어진다.

예견된 비탄에 관한 내 결론에 들어맞지 않는 예외 사례도 있다. 우리는 질병 말기에 있는 친구, 해상 사고나 군 작전을 수행하다가 목숨을 잃은 친구를 두고 비탄할 수 있다. 꼭 관 옆에 서 있어야만 누군가가 세상을 떠났다거나 세상을 곧 떠날 것임을 아는 것은 아니다. 그리고 나를 깜짝 놀라게 할 새로운 임상 시험이 이루어지거나 바다 한가운데에서 나뭇조각에 매달려 있는 생존자가 발견될 가능성이 언제나 있다고 여기는 한편으로, 나는 그럴 가능성이 너무나 낮기에 이 고통을 비탄으로 받아들이기 전에 절대적으로 돌이킬 수 없음을 주장하는 것이 너무나 잔인하다.[5]

왜 그러하다는 것인지 개인적인 사례를 들어 설명해보자. 내 아내 진의 부친인 마틴 마타는 1985년에 돌아가셨다. 모친인 버니 (버니스) 마타는 2012년에 돌아가셨다. 우리는 거의 여름마다 한두 주일을 장인장모님 집에서 보냈다(겨울은 미시간주 이시퍼밍을 방문하기에 딱히 좋은 계절이 아니다). 장인어른이 돌아가신 지 약 10년 동안 우리가 들를 때마다 장모님은 건강해 보였다. 우리는 낮에는 어퍼페닌술라Upper Peninsula를 돌아다니면서 다른 친척들을 방문했다. 저녁이면 아내는 거실 바닥에 은행 거래 내역서와 청구서를 쭉 늘어놓고서 장모님의 통장 거래 내역이 제대로 찍혔는지, 수입과 지출이 적절한지 확인했다. 나는 장모님과 밤늦게까지 주방에 앉아서 이런저런 이야기와 농담을 했다. 장모님이 고등학생 때 이시퍼밍의 탄산음료 매점인 초콜릿숍에서 일했다는 이야기도 했다. 1930년대 많은 중서부 소도시에서 여름에 야구팀들이 순회하면서 저녁 경기를 펼치곤 했다. 장모님은 경기가 열리는 날이면 자신이 언제나 저녁 근무를 했다고 했다. 경기가 끝나면 몇몇 선수들이 가게로 들어와서 탄산음료와 아이스크림을 시켰다. "땀범벅이 된 근육질의 멋진 소년들이었어." 아내는 그 이야기를 들은 적이 없다. 나는 딸보다 사위에게 더 하기 쉬운 이야기도 있을 것이라고 생각한다. 장모님과 나는 아주 죽이 잘 맞았다. 늘 즐거운 방문이었다.

그러나 이윽고 우리는 뭔가 잘못되었다는 것을 깨달았다. 장모님은 정신이 오락가락하면서 같은 말을 되풀이하곤 했고, 대화에서 총기가 사라졌다. 아내는 요리, 청소, 세탁도 하지만 주로 장모님을 곁에서 돌보면서 말벗을 해줄 사람들을 고용했다. 좋은 사람들이었다. 장모님이 돌아가신 지 여러 해가 지났지만, 지금도 우리는 이시퍼밍에 갈 때마다 그들을 방문하곤 한다. 이윽고 장모님의 상태가 이 돌보미들이 감당할수 없는 수준이 되자, 아내는 장모님을 요양원으로 옮겼다. 장모님은 요양원에서 10년을 더 사셨다. 아침마다 휠체어를 타고서 긴 복도를 이리저리 돌아다녔다. 그때쯤에는 이미 우리를, 아니 어떤 사람도 거의 알아보지 못했지만, 여전히 대체로 행복한 모습이었다. 직원들도 장모님을 좋아했다. 요양원에 들어간 직후에 우리가 방문했을 때, 아내는 휠체어에 앉은 장모님의 사진을 찍고 싶어 했다. 우리 부부는 장모님에게 좀 웃으시라고 응원했다. 장모님은 멍하니 앞을 응시하고만 있었다. 직원 몇 명도 장모님을 향해 손을 흔들었지만, 장모님은 웃지 않았다. 아내는 내게 한 발짝 옆으로 가서 손을 흔들어보라고 했다. 내가 손을 흔들자, 장모님은 나를 보더니 살짝 교활한 웃음을 지으면서 손가락을 코에 대고서 놀리는 몸짓을 했다. 아내는 장모님이 그런 몸짓을 하는 것을 한 번도 본 적이 없다고 했다. 우리는 모두 웃음을 터뜨렸고, 장모님도 활짝 웃었고, 아내는 원하는 사진을 찍었다.

그러나 해가 지날수록 장모님은 점점 더 멍해져갔다. 우리는 장모님에게서 '장모님다움'이 사라졌다고 한탄하기 시작했다. 의료진은 장모님의 정신이 떠났으며, 몸도 곧 뒤따를 것이라고 말했다. 그 상실의 정서적 무게는 엄청났고 초월적이었으며, 상실은 돌이킬 수 없었다. 아니, 우리는 그렇게 생각했다.

우리의 마지막 방문 때, 장모님은 아무런 행동도 하지 않은 채 아주 가만히 있었다. 방문 마지막 날에 나는 휠체어를 밀고 일광욕실로 향했다. 장모님은 내내 내 손을 쥐고 있었다. 우리 세 명은 물고기 연못과 작은 나무들, 주변을 날아다니는 몇몇 새를 구경했다. 아내는 장모님의 왼쪽, 나는 오른쪽에 서 있었고 장모님은 여전히 내 손을 잡고 있었다. 장모님은 우리가 무슨 말을 해도 전혀 반응이 없었다. 그러다가 문득 나를 쳐다보고는 살짝 찌푸렸다가 멋진 미소를 지으면서 말했다. "우리 사위구나." 그런 뒤 다시 멍한 상태로 돌아갔다. 장모님의 일부가 여전히 어딘가에 있었던 것이다. 우리가 좀 더 자주,

더 오래 이야기를 나누어야 했을까? 우리는 알지 못했다. 그러나 우리는 비록 아주 슬픈 순간이었지만, 아직 비탄할 때는 아니라는 것을 알았다.

죽음이 비탄의 원인이라는 것은 명백하다. 다른 상황들— 예를 들면 중병이나 치매—에서는 상황이 더 복잡하다. 내가 비탄이라고 부르는 것에 우리가 얼마나 가까이 다가가는지는 상실이 돌이킬 수 없음을 얼마나 확신하느냐에 달려 있다. 그런 확신은 매 순간 달라진다. 이 접근법을 취하고자 한다면, 스스로 이 균형을 알아내야 할 것이다.

* * *

이제 심리학자 존 아처의 1999년 저서 《비탄의 본질》을 주된 원천으로 삼아서 비탄의 연구가 이루어진 역사를 짧게 살펴보기로 하자.[6]

1970년대에 심리학자 존 볼비John Bowlby는 비탄이 부적응이며, 분리 반응separation reaction이라고 주장했다.[7] 일반적으로 분리 반응은 적응적이다. 즉, 떨어지게 된 사랑하는 사람을 추구하게 만든다. 그런 반응이 유용한 상황이 그렇지 않은 상황보다 훨씬 더 많기에, 그것을 선호하는 쪽으로 자연선택이 이루어져 왔다. 그러나 비탄은 재결합이 불가능한 상황에서의 분리 반응이다.

정신과 의사 콜린 파크스Colin Parkes는 비탄이 우리가 애착을 형성하는 방식의 필연적인 결과라고 주장한다.[8] 볼비와 파크스는 분리불안 반응이 개인의 생존(아이는 보호와 음식을 부모에게 의존한다)과 개인의 유전자를 미래로 보내는 일(부모는 아이에게 의존함으로써 그 일을 한다)에 중요한 것들과 연관을 맺도록 하기 위해 유전적으로 진화한 것이라고 설명한다. 아처는 죽음이라는 인식이 인류 진화에서 최근에야 등장한 것이라고 추정하면서, 우리에게 회복 가능성을 지닌 분리와 죽음처럼 돌이킬 수 없는 분리의 반응을 구분할 시간이 없었다고 본다.

아처는 다양한 비탄 반응을 하나의 변수로 환원하고자 애쓴 연구들이 있다고 말한다. (정말로? 그것이 좋은 착상이라고 여길 사람이 과연 있을까?) 그들은 인자분석이라는 통계 기법(거의 마법이라고 할 아주 흥미로운 기법이다. 통계학을 두려워하지 않고 수학을 좀 안다면 살펴볼 만하다)을 써서, 다양한 비탄 양상을 통합하고자 시도했다. 그런데 나온 결과들은 거의 일관성이 없었다. 나는 이것을 비탄이 본질적으로 다차원적이라는 말이라고 해석한다.

우리는 사랑하는 이들에 관한 복잡한 정신 모형을 구축하고, 이런 모형들은 우리의 자아 모형에 통합되어 있다. 사랑하는 이가 더 이상 보이지 않을 때처럼 환경에 뭔가 불일치가 있음을 알릴 때, 분리불안이 촉발된다. 우리는 환경 신호를 모형 예측값과 일치시키려 애쓴다. 일치시킬 수 없을 때, 우리는 자아 모형을 수정해야 한다. 그러려면 시간과 노력이 든다.

알렉산더 샌드는 상세한 심리학적 연구를 통해 최초로 비탄을 **슬픔의 법칙**으로 통합했다.[9] 실험 자료가 부족했기에 샌드는 소설과 시를 사례로 삼아 자신의 개념을 설명했다. 실험 자료가 있다고 할 때에도, 예술은 수많은 심리학 연구보다도 원초적 감정을 더 직접적으로 얼핏 보여줄 수 있다.

널리 받아들여진 견해 중 하나는 비탄이 몇 단계를 거친다는 것이다.[10] 아처는 "단계 관점이 뒷받침하는 경험 증거가 부족한 것은 분명하지만, 비탄 과정의 역동적 특성을 포착하려는 시도를 대변한다"라고 말한다. 〈심슨 가족〉의 시즌 2, 11화인 "물고기 한 마리, 두 마리, 복어, 파란 물고기"에도 이 단계들이 나온다. 호머는 일식집에서 복어 독에 오염된 회를 먹는다. 병원에서 의사 히버트는 호머를 진찰한 뒤 하루가 지나기 전에 죽을 것이라고 알린다.

히버트: 다섯 단계를 거칠 거예요. 1단계는 부정이지요.

호머: 그럴 리 없어요, 나는 죽지 않아요.

히버트: 2단계는 분노입니다.

호머: 이 쪼그만 게, 으으!

히버트: 그다음에는 두려움이 찾아옵니다.

호머: 두려움 다음에는요? 다음은 뭡니까?

히버트: 타협이지요.

호머: 의사 선생님, 치료해줄 거죠? 신세는 갚을게요.

히버트: 마지막은 수용입니다.

호머: 어차피, 사람은 언젠가는 죽지.

히버트: 심슨 씨, 진행이 너무 빨라서 놀라울 정도네요.

이것이 대다수 사람의 경험을 반영하는 것은 분명히 아니다. 그러나 이들의 대화가 웃긴다는 사실에는 당신도 동의할 것이라고 본다.

명칭에는 어떤 의미가 함축될 수 있다. 비탄에서의 '회복'은 상실 이전의 상황으로 돌아감을 시사하는데, 불가능한 일이다. 죽은 사람은 계속 죽은 채로 있다. '재조정'은 그 부재를 포함하도록 우리 세계 모형을 조정하는 것을 의미하며, 우리는 떠난 사람과 관련된 모형의 모든 측면을 수정한다. 삶은 계속될 수 있지만, 전과 같지 않을 것이며, 같을 수도 없다. 나는 비스킷을 볼 때마다 특별한 날 아침을 위해 비스킷을 굽던 엄마를 떠올릴 수밖에 없다. 비스킷 냄새로 가득한 따뜻한 주방. 엄마가 돌아가신 뒤 약 1년 동안 잼을 고르고, 식탁을 준비할 때마다 그 기억이 떠올라서 가슴이 아팠다. 지금은 같은 기억이 슬픔과 함께 애틋함도 불러일으킨다. 내가 메리 애로우드의 아들이었다는 것이 대단한 행운이었음을 새삼스럽게 더 깊이 자각하게 해준다. 내게 비스킷은 마르셀 프루스트의 마들렌이다. 이는 회복이 아니다. 재조정이다.

애도작업grief work이라고 하는 사별에 대처하는 한 가지 전통적인 접근법은 네 가지 요소를 지닌다. 상실이 현실임을 받아들이고, 상실의 고통을 줄이기 위해 노력하고, 상실을 받아들이는 쪽으로 자신의 정체성을 수정하고, 죽은 사람과 정서적으로 거리를 두는 것이다. 애도작업 가설은 한때 인기가 있었지만, 지금은 반대하는 견해도 나와 있다.[11]

마거릿 스트로베Margaret Stroebe와 헹크 슈트Henk Schut가 개발한 **이중과정모형**DPM, dual process model은 두 과정을 상정한다. 비탄을 대면하는 **상실 지향** 과정과 삶의 다른 측면들에 신경을 쓰는 **회복 지향** 과정이다.[12] 재조정은 이 두 과정 사이의 '진동oscillation'을 수반한다. 이는 세계 모형과 자아 모형을 갱신하는 데 도움을 줄 수 있다. 예를 들어, 애도작업 가설은 사망으로 끊긴 관계를 대신할 새로운 관계를 확립하는 것을 비탄의 해결책으로 제시해서는 안 된다고 하지만, 이중과정모형은 그런 관계를 맺어야 한다고 본다. 사별한 남자나 여자가 재혼하는 것은 도움이 될 수 있을까?

비탄은 진화적 토대를 지닐까? 《비탄의 본질》에서 아처는 비탄이 우리의 관계 욕구의 결과라고 말한다. 부모와 자녀의 관계가 중심에 놓이긴 하지만, 사회적 동물(우리를 포함한)은 다른 중요한 애착도 이루고자 한다. 이런 관계 중 상당수는 생존 가치를 지니며, 따라서 끊긴 애착은 생존 위험을 야기할 수도 있다. 아이를 부모와 분리시키는 것은 부모의 보호를 없앰으로써 아이를 위험에 처하게 하며, 유전물질을 미래로 전달하려는 부모의 노력도 위협한다. 이 애착 이론에서 한가지 중요한 단계는 진화생물학자 윌리엄 D. 해밀턴William D. Hamilton — 수학자 윌리엄 R. 해밀턴William R. Hamilton과 혼동하지 말기를 — 이 내놓은 혈연선택 개념이다. 혈연선택은 자신의 번식 성공에 어느 정도 지장을 초래하면서까지 친척들의 번식 성공률을 높이는 쪽을 선호하는 진화적 과정이다.[13] 해밀턴은 혈연선택이 어떤 상황에서 존속할 수 있는지를 정량적으로 표현한다.

근연도 × 친척의 혜택 > 개체가 치르는 비용

따라서 애착과 분리는 대칭적 측면을 지닌다. 돌연변이는 분리의 위험을 회피하는 노력을 하도록 동기를 부여하는 스트레스 호르몬을 발견했고, 자연선택은 이를 증폭했다.

이 말은 사람에게만 들어맞는 것이 아니다. 동물도 분리 불안을 겪을 수 있고 비탄에 젖을 수 있다. 우리 집 마당에서 주로 생활하는 길고양이 한 마리는 오른쪽 눈가의 털이 회색이라서 패치Patch라는 이름이 붙었다. 몇 년 전에 패치는 우리 집 근처에 짓고 있는 집에서 새끼를 네 마리 낳았다. 그곳 일꾼들이 새끼들을 상자에 담아 우리에게 가져왔고, 우리는 이웃 도시의 안락사 없는 동물 보호소로 보냈다. 내가 알기로는, 우리가 데려갔을 때 근무 중이던 직원 네 명이 새끼를 한 마리씩 자기 집으로 데려갔다. 너무나 귀여웠으니까. 다음 주 내내 패치는 새끼를 찾느라 울어대면서 우리 집 마당을 돌아다녔다. 분명히 절망에 빠져서 내는 소리였다. 패치는 거의 또는 전혀 먹지 않은 채 오로지 새끼들만 찾고 있었다. 이는 비탄이 분리 반응임을 보여주는 명확한 사례인 듯했다. 이윽고 패치는 새끼를 찾는 일을 그만두고 다시 더 규칙적으로 먹기 시작했다.

패치는 다른 길고양이인 슬링키Slinky와 어울리기도 했다. 내 동생은 슬링키 장난감처럼 계단을 주르륵 내려가서 그런 이름이 붙은 것이라고 주장했지만, 그게 아니라 사람이 다가가면 슬그머니 달아나곤 해서 붙은 이름이다. 우리는 패치와 슬링키가 한배에서 나온 남매라고 본다. 아내와 나는 전에 중성화하고 백신 접종을 시키고자 한 마리씩 생포했다. 한 마리가 잡히자, 다른 한 마리는 우리 주변을 맴돌면서 울어댔다. 동물병원에 갖다 와서 풀어놓자, 다른 한 마리가 나타났다. 그들은 서로 머리를 비벼대면서 나란히 걸어갔다. 몇 년이 지난 지금도 그들은 함께 다닌다. 이 글을 쓰고 있는 지금도 작업실 창밖 뒷마당에서 그들이 뒤엉켜 있는 모습을 보고 있다.

슬링키가 사라진 날, 패치는 그가 돌아오지 않을 것이라고 두려워하지 않았을까? 내 눈에는 넋이 나간 것 같은 패치의 반응이 새끼들을 잃었을 때와 비슷해 보였지만, 고양이의 머릿속에서 어떤 일이 일어나는지 나는 알 수 없다. 둘 다 내게는 비탄처럼 보였다. 그런데 고양이는 비가역성을 이해할 수 있을까? 내 비탄의 기준이 다른 종들에게도 적용될까?

비탄의 진화적 토대로 돌아가자. 분리는 스트레스 호르몬을 활성화한다. 스트레스 자체는 생존 가치를 전혀 지니고 있지 않지만, 스트레스를 줄이려는—사라진 상대방을 찾으려는—노력은 성공한다면 생존 가치를 지닌다. 그러나 상대방이 죽어서 찾을 수 없는 상황에서는 온갖 부정적인 결과를 수반하는 비탄은 긍정적인 생존 가치를 전혀 지니지 않는 듯하다. 사실 아처는 비탄이 어떤 생존 가치를 지닌다기보다는 우리 애착 능력의 부수적 현상이라고, 즉 애착 메커니즘을 선택한 부수적인 결과라고 말한다.

따라서 비탄의 진화적 설명은 분리의 스트레스 호르몬과

상대방이 **결코, 결코 다시는** 돌아오지 않을 것이라는 깨달음이 결합되어 나온 산물이라는 것이다. 이렇게 쓰려니 매우 힘들다. 시간은 켜켜이 쌓이므로, 내 머릿속에는 많은 유령이 우글거린다. 부모님, 조부모님, 숙모와 숙부, 절친들, 학생들. (어떻게 제자가 교사보다 먼저 세상을 뜰 수 있을까? 그런 일이 일어날 때면 뭔가 심각하게 잘못된 것이다. 애덤Adam Robucci, 우리는 함께 할 연구가 훨씬 더 많았는데. 대체 왜 그렇게 담배를 피워댄 거니? 네 프로그래밍과 내 수학이 함께하면 과연 어떤 것을 발견했을지 지금도 생각하곤 해.) 그리고 아주 많은 고양이가 있다. 귀엽고 작은 바퍼Bopper가 내 머리 위쪽 베개에서 웅크린 채 내 자장가를 들으면서 가르랑거리는 모습은 두 번 다시 보지 못할 것이다.

바버라 킹의 책 《동물은 어떻게 슬퍼하는가》를 따라서 이 방향으로 좀 더 나아갈 수도 있다. 비록 이 책은 읽기가 쉽지 않았다는 점을 말해두어야겠지만.[14] 그 주제는 동물을 사랑하는 이들을 울컥하게 만든다. 킹은 뛰어난 작가이며, 대체로 개별 동물에 관한 이야기를 들려주는 형식을 취한다. 이 접근법은 동물들이 사랑할 수 있고, 비탄에 젖을 수 있음을 이해하는 데 도움을 준다.

우리는 침팬지와 코끼리가 비탄에 잠긴다고 해도 놀라지 않을 수 있다. 어쨌거나 코끼리와 침팬지는 도구를 쓰고 놀이를 하므로, 상당한 인지능력을 지니고 있음을 보여주기 때문

이다. 그리고 개와 고양이를 기르면서 그들도 비탄에 잠길 수 있다는 증거를 충분히 얻는다. 하지만 돌고래와 고래는? 거북은? 닭, 토끼, 돼지, 오리, 거위, 원숭이, 황새, 까마귀와 갈까마귀, 말과 염소와 물소는? 모두 비탄에 잠긴다.

　동물의 비탄은 동물의 사랑을 전제로 한다. 제인 구달^{Jane Goodall}, 신시아 모스^{Cynthia Moss}, 마크 베코프^{Marc Bekoff}, 피터 패싱^{Peter Fashing} 같은 이들의 연구와 케냐에서 자신이 직접 연구한 결과를 토대로 하여 킹은 동물의 사랑을 이렇게 요약한다.

동물은 누군가에게 사랑을 느낄 때, 그 사랑하는 상대에게 가까이 다가가서 적극적으로 상호작용을 한다. 먹이 찾기, 포식자 방어, 짝짓기, 번식 등 생존과 관련된 목적들도 포함되어 있겠지만, 그런 이유에서만이 아니다.

또 킹은 이렇게 말한다.

상대와 더 이상 함께 지낼 수 없을 때―상대의 죽음은 가능한 한 가지 이유가 될 수 있다―사랑하는 동물은 눈에 보이는 어떤 방식으로 괴로워할 것이다. 먹기를 거부하고, 체중이 줄고, 병들고, 넋이 나간 양 행동하고, 기운이 없어지고, 몸짓에서 슬픔이나 우울함이 드러난다.

그래서 킹은 비탄이 사랑의 구성 요소일 가능성이 있다고 본다. 사실 킹은 비탄을 사랑의 충분조건이라고 말한다. 그런데 나는 불가역성이 비탄의 필수 요소라고 생각하는데? 킹은 이렇게 쓰고 있다. "동물의 비탄은 죽음이라는 개념을 제대로 인식하는지 여부에 달려 있지 않다." 그녀는 사례를 하나하나 제시하면서 동물이 죽음에 따르는 상실의 영구성을 직관할 수 있다는 개념을 지지한다.

킹은 자매나 짝을 잃은 고양이가 사라진 상대방을 찾아다니는 사례를 많이 언급한다. 찾아다닐 때 울부짖고, 비명을 지르고, 구슬프게 칭얼대곤 한다. 비탄에 젖은 행동 이외의 다른 무엇이라고는 보기 어렵다.

우리는 사람마다 슬퍼하는 방식이 다르며, 남들이 다 알아차리지 못한다는 점을 안다. 킹은 이 점을 염두에 두고서 우리가 관찰하는 것을 해석할 때 여지를 두라고 권한다. "모든 개가 슬퍼하는 모습을 봐야만 개가 슬퍼한다고 믿을 수 있는 것은 아니다."

동물들도 슬픔에 잠기는 방식이 다양하다. 말은 무리의 동료가 죽으면 '말 원'을 그리면서 그 주위를 빙빙 돈다. 소도 비슷한 행동을 보인다. 코끼리도 그렇다. 코끼리들은 친족뿐 아니라 다른 가족의 코끼리가 죽었을 때에도 애도를 하고 죽은 코끼리가 있는 곳을 찾곤 한다.

기존 견해는 사람을 제외한 모든 동물은 현재만을 산다고, 즉 과거나 미래라는 개념을 전혀 지니고 있지 못하며 따라서 불가역성도 인식하지 못한다고 본다. 그러나 많은 동물이 일화 기억(자기 자신이 겪은 특정한 사건에 관한 사적인 기억)을 지니며, 아마 자전적 기억(자신이 살아온 역사의 기억)까지 지닐 수 있음을 시사하는 증거가 산더미처럼 쌓여 있다.[15] 그리고 킹은 사냥할 때 이중으로 예측하는 모습을 보여준 침팬지 브루투스의 이야기를 들려준다. 브루투스는 함께 사냥한 다른 침팬지들과 먹이의 움직임을 다 예측했다.[16] 킹은 브루투스가 "남들의 마음 상태를 생각할 수 있다"고, 즉 마음 이론Theory of Mind을 가지고 있다고 추론했다.

사람이 동물은 접할 수 없는 아주 다양한 마음 상태를 접할 수 있다는 개념은 증거가 아니라 오만에 토대를 둔 듯하다. 미래 예측이 오로지 인간만이 지닌 형질이라고 믿는 것은 너무 성급하다. 게다가 불가역성의 인식도 마찬가지다. 비록 나는 일부 원숭이 암컷이 며칠 동안 죽은 새끼를 안고 다닌다는 킹의 연구 결과를 이 분석의 어디에 끼워넣어야 할지 아직 잘 모르겠지만.[17] 어미는 새끼가 되살아나기를 바라는 것일까? 아니면 이 행동이 그들이 애도하는 방식일까? 답할 수 없는 질문이 아주 많다.

동물이 죽음에 반응하는 양상은 아주 다양하다. 킹의 책을 읽다보면 많은 것을 깨달을 텐데,《동물은 어떻게 슬퍼하는가》를 읽을 때면 옆에 휴지를 한 통 준비해놓기를.

헬렌 맥도널드Helen Macdonald의 놀라운 책《메이블 이야기 H Is for Hawk》는 슬픔에 초점을 맞추고 있지는 않지만, 메이블이라는 참매를 통해 다른 종이 어떻게 세상을 이해하는지를 살펴본다.[18] 나는 헬렌과 메이블이 어떻게 놀았는지를 자세히 묘사하는 대목에 특히 매료되었다. 고양이와 개가 놀이를 하고 다람쥐가 노는 것 같은 행동을 하는 모습은 보았지만, 새도 놀

수 있다는 사실을 알지 못했다. 새가 놀이를 한다면, 나는 무서운 맹금류가 아닌 참새나 굴뚝새, 핀치를 먼저 살펴보겠다. 이 책은 내게 계시처럼 다가왔다.

남이 세상을 보는 방식으로 세상을 보고자 할 때, 다른 사람보다는 다른 종의 시선으로 보는 편이 성공 확률이 더 높을 수도 있다. 다른 사람이 무엇을 보는지를 생각할 때 우리는 자신이 분류한 범주들 속에 그것을 끼워넣음으로써 우리 자신이 보는 방식에 따라 거르기 마련이다. 매가 보는 방식으로 보려고 한다면, 그 모든 선입견을 싹 지워야 한다. 빈 석판에서 시작하여 오래 꼼꼼하게 관찰함으로써(같은 경험을 할 때 어떤 반응을 보이는지를 기록하면서 수백 또는 수천 시간을 가까이에서 지켜보아야 하는 힘겨운 작업이다) 우리에게는 대체로 보이지 않는 세계의 모습을 윤곽이라도 그릴 수 있다. 이 점을 생각해보자.

나는 나뭇가지에 앉은 매인 동시에 그 밑에 서 있는 사람이 된다. 이 정신 분열로 나는 내 자신의 밑에서 걷고 있으며, 때로는 내 자신으로부터 날아가는 기묘한 느낌을 받는다. 그런 뒤 잠시 모든 것이 점선이 되고, 매와 꿩 그리고 나는 삼각함수 문제의 항들이 된다. 우리 각자에게 이탤릭체 문자가 붙는다.

《메이블 이야기》는 맥도널드가 참매와 함께 살아가면서 훈련시키는 이야기이자, 세상을 떠난 부친을 애도하는 이야기이기도 하다. 놀랄 일도 아니지만, 그녀는 애도를 다른 관점에서 접근한다.

아버지가 돌아가신 뒤로 나는 이런 탈현실화를, 세상이 알아볼 수 없는 곳이 되는 듯한 기이한 일화를 종종 겪곤 했다.

(4장에서 남동생과 내가 비슷한 경험을 했다고 말할 것이다. '사냥개'라는 단어를 기억해두기를.)

그런 뒤에 이런 말이 나온다.

슬픔의 고고학은 체계적이지 않다. 삽으로 흙을 파서 오래전에 잊은 것들을 꺼내는 것에 더 가깝다. 놀라운 것들이 드러난다. 단순한 기억이 아니라 더 오래된 마음 상태, 감정, 세계관이다.

이 책을 아직 읽지 않았다면, 당장 읽어보기를 권한다. 슬픈 것들과 아름다운 것들을 만나게 된다.

의사이자 과학자인 랜돌프 네스는 통찰력 있는 분석인 〈비탄 이해의 진화적 기본 틀〉을 썼다.[19] 네스는 진화생물학자 조지 윌리엄스George Williams와 함께 《인간은 왜 병에 걸리는가

Why We Get Sick: The New Science of Darwinian Medicine》라는 탁월한 책을 썼다.[20] 그들은 진화라는 렌즈를 통해 질병을 살펴보고, 놀라운 결론을 내놓는다. 사례를 하나 들어보자. 대개 가벼운 체열은 자원을 좀 더 태우는 것 외에는 거의 해를 끼치지 않는다. 하지만 체온이 2도쯤 올라가면 병원체의 증식에 상당한 지장을 줌으로써 적응적 면역계가 공격자를 식별해 적절한 항체의 공급을 늘릴 시간을 벌어줄 수 있다. 가벼운 열을 떨어뜨리기 위해 아스피린을 먹는 것은 잘못된 행동일 수 있다. 이 흥미로운 책도 꼭 읽어야 한다. 이쯤 되면 당신은 내가 책 추천을 꺼리지 않는다는 사실을 알아차렸을 것이다.

따라서 네스는 비탄의 미묘한 진화적 분석을 내놓을 완벽한 입장에 있다. 그의 연구는 다음 질문에 초점을 맞추고 있다. "비탄을 일으키는 뇌 메커니즘을 빚어내는 힘은 무엇일까?" 자연선택은 심리를 조정함으로써 감정을 빚어내는 과정을 발견했다. 한 예로, 우리의 플라이스토세 조상들은 멀리서 포식자가 보이면 불안해졌으며, 그 불안은 포식자를 피하는 데 도움이 되었다. 부정적 감정은 비용이 많이 들 수 있으므로 어떤 생존 가치도 지니지 않는다면, 번식 가능 연령을 거치는 동안 겪는 부정적 감정들은 자연선택을 통해 제거되었을 것이다. 슬픔은 상실 뒤에 나타나며, 우리가 몇 가지 반응을 일으키도록 도울 수 있다. 상실을 되돌리려고 시도하고, 미래의 상실을 막으려고 행동하고, 벌어지고 있는 위험을 남들에게 경고하는 것 등이다. 상실을 돌이킬 수 없을 때, 슬픔이 비탄으로 자유낙하할 때, 이 감정의 비용은 우리가 번식하는 데 도움을 주지 않는다. 그러나 우리가 비슷한 상실에 맞서 싸우기 위해 그런 행동들을 취할 때, 우리 자식들의 생존 가능성을 높일 수도 있다.

여기서 네스가 물은 질문을 인용하지 않을 수 없다. "비탄은 가까운 친족이나 사랑하는 이의 상실로 인해 생긴 적응적 도전 과제들에 대처하기 위해 빚어진 특수한 유형의 슬픔일까?" 그는 증거들이 그렇게 말한다고 본다. 그러나 그 증거들의 대부분은 아처의 부수 현상 해석을 반박하는 그의 접근법에서 나온다. 네스의 슬픔 범주는 내 범주보다 더 포괄적인 듯하다.

사람들이 비탄을 어떻게 겪고 표현하는지, 그리고 상실을 받아들이기 위해 삶을 어떻게 재조정하는지는 삶의 가장 사적인 측면에 속한다. 놀랄 일도 아니다. 비탄은 사랑과 결부되어 있고, 사랑은 가장 사적인 경험이기 때문이다. 따라서 상실 뒤에 어떤 일을 겪을지도 사람마다 다르다.

내 친구인 극작가 앤드리아 슬론 핑크Andrea Sloan Pink는 모친을 잃은 뒤 겪은 일들을 적었다. 누구나 마음속으로 상실과 비탄을 견딘다. 우리는 비탄에 젖은 사람이 뭐라고 하는지 듣고, 그들의 세계에서 겪는 고통을 이해하려고 노력하지만, 실패할 것이다. 그들에게 말을 걸고, 위로의 말을 건네지는 말라.

매일 도울 수 있는 입장이라면, 위로를 건네도 좋다. 친구들이 유족에게 음식을 갖다주는 이유가 바로 그 때문이다. 그렇지 않다면, 말을 들어주는 것이 우리가 할 수 있는 최선의 행동이다. 앤드리아의 말을 들어보자.

> 마비와 타는 감각. 어머니의 죽음으로 얻은 오래 이어진 두 가지 신체감각이었다. 피부 밑이 타는 듯했고, 눈 검사를 할 때보다 더 안 좋은 속에서 강한 빛이 뿜어지는 듯한 끔찍한 감각이었다. 이 기이한 신경학적인 감각들은 나중에 잦아들었지만, 그것이 좋은 일인지는 잘 모르겠다. 나는 사람들이 내게 바꾸지 말라고, 흡족하지 않은 것에 다시금 '만족하면서' 살아가도록 설득하기를 원치 않았다.

어머니의 죽음이 불러온 충격 중 하나는 우주가 낭비에 매우 관대하다는 사실이었다. 어떻게 우주가 어느 날에는 다섯 개 언어로 말할 수 있는 의식을 다음 날 스러지게 하는 여유를 부릴 수 있는 것일까? 그 모든 효용과 투자를 헛되이 날린다.

비탄은 내 삶을 비추어 결함들을 고스란히 드러내는 눈부신 빛과 같았다. 너무나 많은 것이 잘못된 양 느껴졌다. 그런 기분은 서서히 잦아들었다. 그러나 나는 선명한 대비를 보았을 때의 교훈 중 일부를 기억하고 있다.

3

아름다움

Beauty

남색으로만 이루어진 장식들

———

아름다움은 비탄과 기하학을 잇는 다리다. 이 점을 설명하려면 좀 까다롭다.

바버라 킹은 비탄이 사랑과 결부되어 있다는 증거를 제시한다. 그녀는 동물을 대상으로 이렇게 정의한다.

비탄은 두 동물이 결합하고 돌보고 아마도 사랑까지 하기 때문에, 상대의 존재가 공기처럼 필수적임을 마음속으로 확신하기 때문에 생겨난다.[1]

이 말이 사람의 비탄에도 적용된다는 것은 우리 경험만으로도 충분하다. 이 장에서는 비탄을 다른 강한 감정, 즉 아름다움에 대한 반응과 결부시켜보자.

이미 우리는 기하학을 아름다움과 연결 지었다. 기하학에는 숨이 막힐 만치 아름다운 것들도 있다고 했다. 이제 나는 아름다움과 슬픔이 바로 옆집 이웃이라고, 아니 비탄이 아마도 암흑 거울 속의 아름다움일 것이라고 주장하련다.

한 가지 의미에서 보면, 이 점은 명백하다. 아름다움과 비탄은 둘 다 숨길을 수축시키고, 가로막을 마비시킬 수도 있기 때문이다. 모든 강렬한 감정은 숨을 막히게 할 수 있으므로, 숨을 가쁘게 만든다는 것만으로는 비탄과 아름다움이 결속되어 있다고 단정 짓지 못한다. 그러니 좀 더 깊이 살펴볼 필요가 있다.

우리는 지금까지 비탄을 이야기했고 비탄의 몇몇 특징을 파악했으므로, 아름다움과 비탄의 결속을 살펴보려면 아름다움의 특성을 살펴보아야 한다. 비탄을 가벼운 슬픔과 구별했듯이, 우리는 아름다움을 예쁨과 구분해야 한다. 내 어릴 때의 기억에서 시작해보자. 당신도 비슷한 기억을 떠올릴 수 있기를 바란다.

크리스마스 직전 며칠 동안 저녁마다 우리가 비좁은 차에 올라타면 아빠는 살 만한 장식물이 있는지 찾으려고 차를 몰아 세인트앨번스의 동네를 죽 돌아다녔다. 빨강, 초록, 파랑, 노랑 등 여러 색깔의 전구가 빛나고 있는 나무도 많았다. 엄마는 이런 나무들을 "예쁘다"고 했다. 한 가지 색깔만으로 빛나는 나무도 있었다. 파란 전구 또는 하얀 전구로만 장식된 나무들이었다. 엄마는 그런 나무들은 "아름답다"고 했다. 나는 호기심이 많은 아이였기에, "아름답다"와 "예쁘다"가 어떻게 다른지 설명해달라고 했다. 안타깝게도 엄마가 뭐라고 답했는지 떠오르지 않는다. 1950년대 말이었으니 놀랄 일도 아니다. 어머니는 여러 해 전에 돌아가셨으니 여쭤볼 수도 없다. 나는 어머니가 했을 법한 답을 생각해보고자 한다.

서양철학에서 미학의 뿌리는 고대 그리스까지 거슬러 올라가며, 아마 더 이전까지 올라갈 것이다.[2] 우리의 간단한 분석에는 온전한 미학 이론까지 필요하지 않다. 나는 그보다는 대니얼 벌린Daniel Berlyne, 데니스 더튼Denis Dutton, 리처드 프럼Richard Prum이라는 세 저자를 안내자로 삼고자 한다.

실험심리학자 대니얼 벌린은 《미학과 심리생물학Aesthetics and Psychobiology》에서 무언가가 미적 즐거움으로서 지각되려면 ─아름다움과 예쁨 양쪽의 필요조건─ 두 가지 특징을 갖추어야 한다고 했다. 새로움novelty과 익숙함familiarity이다.[3] 새로움은 놀람의 요소를 제공한다. 누군가가 음계를 반복해 연습하는 소리에는 새로움이 전혀 없다. 흥미롭지도 않으며, 미적 즐거움도 주지 않는다. 반면에 익숙함은 맥락을 제공하는 데 필요하다. 작곡가의 의도를 이해할 길까지는 아니라고 해도, 적어도 그 작품을 우리 자신의 경험에 끼워 맞추게 해줄 지도가 있어야 한다. 라디오 잡음은 미적 즐거움을 주지 않는다. 알아볼 수 있는 패턴이 전혀 없으며, 익숙한 것이 전혀 없어서다. 따라서 아름다움과 예쁨은 익숙한 측면뿐 아니라 새로운 측면도 지녀야 한다.

이 주제는 벌린의 논문 〈인간 호기심 이론A Theory of Human Curiosity〉에서 다루어진 것이며, 이는 그의 예일대 박사 논문을 토대로 했다. 벌린은 패턴의 익숙함이 중간 수준일 때 그 패턴의 가장 큰 호기심을 불러일으킨다고 결론을 내린다. 그의 호기심 분석은 가능한 반응들 사이의 갈등이라는 개념에 토대를 둔다. 호기심의 수준이 이 갈등의 수준과 상관관계에 있다는 것이다. 너무 낯선 패턴은 많은 갈등을 일으킬 만큼 충분히 반응을 일으키지 않을 것이고, 너무 익숙한 패턴은 그 패턴이 예상된 것이기에 갈등을 일으키지 않는다. 호기심은 새로움과 익숙함 사이의 골디락스Goldilocks 구역에서 가장 강하게 일어난다.

벌린이 말하는 익숙함과 새로움의 균형은 미의 경험이 순수성purity과 다양성variety의 섬세한 균형에서 나온다는 조지 산타야나George Santayana의 개념을 확장한 것이라고 볼 수도 있다.[4] 산타야나는 소리의 미의식을 분석한 글에서 아래와 같이 정립했지만, 자신의 분석이 "미학의 모든 분야에서 나타나는 원리들의 충돌에 관한 명확한 사례"라고 말한다. 벌린의 균형에 관한 산타야나 판본은 이렇다.

> 음은 소리의 혼돈 속에서 규칙적인 진동들의 집합을 구별할 수
> 있을 때 들리므로, 이 예술적 요소의 지각과 가치는 하나의 단순
> 한 법칙을 따르지 않는 모든 요소의 제거에, 주의의 장에서의 누
> 락에 달려 있는 듯하다. 이를 순수성 원리라고 부를 수도 있다.
> 그러나 그 원리만 작동한다면 소리굽쇠의 음이야말로 가장 아
> 름다운 음악이 될 것이다. (…) 순수성 원리는 다른 원리와 어느
> 정도 타협을 이루어야 한다. 우리는 후자를 관심 원리라고 부를
> 수도 있다. 어떤 대상이 얼마 동안 우리의 주의를 사로잡고, 우
> 리의 본성을 폭넓게 자극하려면 다양성과 표현을 충분히 지녀
> 야 한다.

벌린은 《미학과 심리생물학》에서 산타야나를 언급하지
않는다. 이는 새로움과 익숙함— 또는 다양성과 순수성 — 이
미적 감상에 필수적이라는 개념이, 그가 책을 쓸 당시까지 널
리 받아들여지지 않았음을 시사한다. 그저 '허공에 떠다니고'
있었을 뿐이다.

그 뒤에 철학자 데니스 더튼은 《예술 본능The Art Instinct:
Beauty, Pleasure, and Human Evolution》에서 다윈주의 미학 이론을 제시
한다.[5] 더튼은 미적 취향이 문화적으로 조건형성된 것이라는

기존 학설에 반대한다. 잠깐만 생각해보아도 우리의 미의식이 우리 자신이 속해 있는 문화에 국한되어 있지 않다는 것이 드러난다. 이안 감독의 〈와호장룡〉에서 대나무숲 위쪽에서 벌어지는 싸움 장면이 아름답다고 생각했는지?[6] 우아하면서 위험천만한 리무바이와 옌유의 춤사위. 대나무가 느리게 출렁거리는 가운데 번득이는 칼날. 멀리서 우르릉거리는 천둥소리와 요요마의 첼로 소리.

주제 사라마구José Saramago의 《죽음의 중지Death with Interruptions》의 끝부분에서 당신은 숨을 삼키지 않았는지?[7] 사라마구에게 줄거리는 결코 중요하지 않으며, 중요한 적이 없다. 그의 상상, 감수성, 특히 언어는 그쪽을 향해 있지 않다. 소설은 "다음 날에는 아무도 죽지 않았다"로 시작된다. 이런 죽음의 부재는 얼마 동안 이어진다. 이것이 축복이라고 생각할지도 모르겠지만, 그렇지 않다. 사람들은 여전히 병들고 다친다. 그저 죽지 않을 뿐이다. 많은 복잡한 문제가 생긴다. 이윽고 죽음은 다시 일을 하기로 결심하지만, 이제 죽지 않는 것에 익숙해져 있기에 사람들은 대비할 시간을 주지 않는다고 불평을 쏟아낸다. 그래서 죽음은 정확히 7일 안에 죽을 것이라고 통보하는 편지를 보라색 봉투에 담아서 보내기 시작한다. 그런데 사람들은 이번에도 불만이다. 어느 날 죽음의 편지 중 한 통이 그녀에게 반송된다. 그녀는 다시 보내지만, 또 반송된다. 그래서 그녀는 사람의 모습을 하고서 반송한 사람을 찾아 나선다. 그는 첼로 연주자다. 그녀는 그를 알아가고, 이윽고 사랑에 빠진다. 그들은 그의 집에서 동침한다.

남자는 잠에 빠졌다. 여자는 아니었다. 그러다가 여자는, 죽음은 일어나서 음악실에 두고 왔던 가방을 열어 보라색 편지를 꺼냈다. 여자는 편지를 놔둘 만한 곳을 찾아 둘러보았다. 피아노 위, 첼로의 현 사이, 침실의 다른 어딘가, 남자의 머리를 받치고 있는 베개 밑. 여자는 그런 곳들에 두지 않았다. 여자는 주방으로 가서 성냥을, 볼품없는 성냥을 켰다. 그녀는 한 번 흘깃 쳐다보는 것만으로 종이를 알아볼 수 없는 먼지로 사라지게 할 수 있고, 손가락을 갖다 대는 것만으로도 종이에 불을 붙일 수 있었지만, 죽음의 편지에, 죽음만이 없앨 수 있는 편지에 불을 붙인 것은 단순한 성냥, 평범한 성냥, 매일 접하는 성냥이었다. 재는 남지 않았다. 죽음은 침대로 돌아가서 두 팔로 남자를 안았다. 자신에게 무슨 일이 일어나고 있는지 이해하지 못한 채, 한 번도 잔 적이 없던 그녀는 잠이 살며시 자신의 눈꺼풀을 닫는 것을 느꼈다. 다음 날, 아무도 죽지 않았다.

줄거리에 불필요한, 짝지은 묘사가 반복되기에 처음에 나는 이 대목을 읽을 때 지겨웠다. 다시 읽을 때에 감동의 세기는 약해져 있었지만, 이 대목은 사라마구의 천재성을 떠올리게 한다. 이 소설이 그저 1960년대 초 방영된 〈트와일라잇 존 Twilight Zone〉의 내용을 확장한 것일 뿐이라고 말하는 이들도 있는데, 나는 그저 그들의 부족한 상상력에 연민을 느낄 뿐이다.

음부티족 나무껍질 천 그림이나 이누이트의 동물 조각이나 라스코 동굴 벽화나 코르도바 모스크는 어떠할까(다음 쪽의 스케치들)?[8] 사례들은 많다. 모든 문화의 미술은 모든 문화의 사람이 감상할 수 있으므로, 미술 감상이 문화적으로 조건형성되는 것이라면 그 조건형성은 정말로 미묘하다고 할 것이다.

내 부친은 많이 배운 분은 아니었다. 고등학교를 중퇴하고 뉴포트뉴스 조선소에서 일하다가, 열일곱 살이 되자 해군에 들어가서 제2차 세계대전에 참전했다. 그는 노련한 목수이자 수리공이었지만, 미술은 거의 접하지 못했다. 현대미술 작품이 텔레비전 화면에 비칠 때마다, 그는 으레 똑같은 말을 했다. "다섯 살짜리가 손가락으로 물감을 찍어 그려도 저것보다 잘 그리겠다." 나는 아버지에게 파울 클레Paul Klee의 화집을 보여주었다.[9] 그는 빠르게 휙 넘겨본 뒤에 휘파람을 불고는 말했다. "음, 다섯 살짜리 아이는 저런 그림을 그릴 수 없을 것 같네." 그런 뒤 미를 이해하는 방법에 관한 한 가지 핵심 쟁점을 짚는 질문을 했다. "어떻게 무언가를 보고 그린 게 아닌데, 아

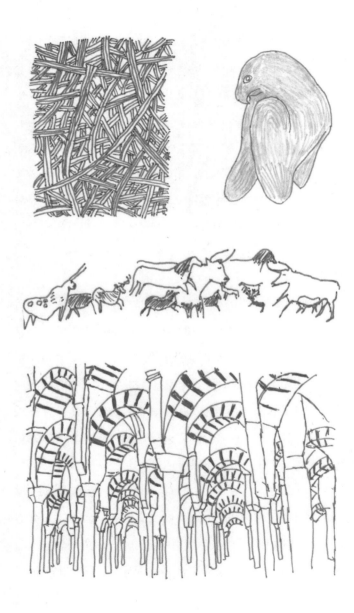

주 잘 그린 것처럼 보일 수 있지?" 아버지가 보고 있던 이미지는 그가 알아볼 수 있는 그 어떤 대상이나 장면을 그린 것이 아니었지만, 그럼에도 아버지의 흥미를 끌었다. 아버지는 대공황 때 웨스트버지니아주 로즈데일에서 자랐다. 그는 학교에 가기 싫어했다. 내게 수학을 좋아했다고 말하기는 했지만, 그냥 다정하게 대화를 나누기 위해서 한 말일 수도 있다. 아버지는 제2차 세계대전 때 태평양에서 복무했다. 전쟁이 끝난 뒤 유니언카바이드에 취직했는데, 처음에는 일용직으로 일했고 그 뒤에는 발전실, 이어서 펌프실, 마지막에는 꿈꾸던 곳인 기계 공장의 수리공으로 일했다. 그동안 어머니와 결혼해서 세 아이를 길렀다. 나는 과연 부친이 미술관이나 화랑에 간 적 있는지 의심스럽다. 그래도 클레의 그림은 아버지가 이해할 수 없는 방식으로 그에게 감동을 주었다. 그렇다, 미의 지각은 미묘하다.

다윈주의 접근법은 선택을 토대로 하고 있지만, 다윈Charles Darwin이 제시한 선택 원리는 **두 가지**다. 더 친숙한 쪽은 《종의 기원On the Origin of Species》에서 제시한 **자연선택**이다.[10] 번식 가능 기간 내내 생존할 가능성을 높이는 형질은 무엇이든 간에 자식에게 전달될 가능성이 더 높으므로, 집단 내에서 그 형질을 지닌 이들의 비율은 증폭된다. 무작위 돌연변이는 많은 형질을 탐사할 수 있게 해준다. 자연선택은 그중에서 해로운 것들을 솎아낸다. 이는 아주 단순하면서 우아한 개념이다. 이 개념을 이해한 사람들이 홀딱 반하는 것도 거의 놀랍지 않다.

두 번째 원리는 **성선택**이다. 그가 두 번째 저서인 《인간의 유래The Descent of Man》에서 내놓은 개념이다. 대체로 성선택은 암컷이 그저 미적 매력을 지닌다는 이유로 어떤 형질을 지닌 수컷을 짝으로 선택한다는 개념이다. 더튼은 왜 모든 문화가 미술을 감상할 수 있는지를 설명하기 위해서 미의 지각에 다윈주의를 적용한다. "아름다움은 자연의 원격 작용 방식이다." 즉, 미의 감상은 무언가를 먹음으로써가 아니라 무언가를 봄으로써 즐거움을 이끌어낸다. 그 무언가가 짝이나 자식을 가리킨다면, 훨씬 더 나은 선택이다. 더튼은 호모 에렉투스Homo erectus가 석기인 손도끼를 아주 많이 만들었는데 대부분은 사용된 흔적이 없다는 점을 지적하면서, 그것들이 동물을 도살하는 도구로서 제작되었을 가능성이 낮다고 말한다. 그것들은 '우아한 모양과 뛰어난 솜씨를 보여주는' 아주 초기 예술 작품이라고 본다. 그러자 성선택이 작용한다. 장인의 솜씨는 짝에게 바람직하게 여겨질 능력이 있음을 알리는 역할을 하기 때문이다.

마지막으로 조류학자이자 진화생물학자 리처드 프럼은 더튼의 논리적 방향을 뒤집는다. 《아름다움의 진화The Evolution of Beauty》에서 프럼은 짝의 선택이 진화를 이끈다는 다윈의 성선택 개념이 처음 나왔을 때 제기된 반론을 지적한다. 짝 선택에서 암컷이 중요한 역할을 한다는 개념이 빅토리아 시대 영국에서는 너무 페미니스트적인 견해였기 때문이다.[11] 다윈의 자연선택 진화를 강력하게 옹호한 인물이었던 앨프레드 월리스Alfred Wallace는 성선택에 대해서는 강력하게 비판했다. 월리스는 자연선택이 모든 것을 설명한다고 주장했다.

미적 선택의 수용 이야기는 복잡하므로, 몇 가지만 개괄하기로 하자. 프럼은 야외에서 새들의 짝짓기 의식을 40년 동안 관찰하면서 성선택의 역할을 뒷받침하는 증거들을 모았다. 예일대의 유망한 과학 전공자들에게 미적 선택을 강의할 때, 프럼은 그런 의식을 찍은 영상들을 보여주었다. 특히 재미있는—나는 '흥미롭다'가 더 중립적인 용어라고 보지만—장면은 어깨걸이극락조 수컷의 춤이었다. (유튜브에서 꼭 찾아보기를. 말로는 도저히 제대로 표현할 수가 없다.) 강의가 끝난 뒤 질문 시간에 토론자인 천체물리학자 메그 어리Meg Urry는 수컷의 공연을 본 뒤에 암컷이 깔깔 웃다가 나무에서 떨어지지 않는 이유가 무엇이냐고 물었다. 프럼은 설득력 있는 답을 내놓지 못했다.

1915년 통계학자이자 유전학자인 로널드 피셔Ronald Fisher는 성적 장식이 평균 선호와 일치하도록 진화해야 한다는 관찰 결과를 제시하면서 성적 장식의 진화를 설명했다.[12] 그렇다면 선호는 어떻게 진화할까? 피셔는 두 단계로 이루어진 모형을 제시했다. 처음에 초보적인 장식은 건강이나 실제 생존 가치가 있는 다른 어떤 형질을 지님을 시사한다. 일단 이 장식을 토대로 선호(성선택)가 확립되면(공작 수컷의 꽁지깃은 잘 알려진 사례다), 그 장식은 생존 가치와의 상관관계가 끊길 수도 있으며, 그저 짝 후보가 그 장식이 매력적이라고 여겨서 선택될 수도 있다는 것이다.

1975년 진화생물학자 아모츠 자하비Amotz Zahavi는 월리스의 개념을 확장하여 **핸디캡 원리**handicap principle를 내놓았다. 장식은 생존에 불리한 조건이며, 따라서 장식을 지녔다는 것은 그런 불리한 조건에서도 생존해왔다는 의미이므로 틀림없이 우수한 형질을 가지고 있다는 것이다.[13] 많은 생물학자는 이 논리가 설득력 있다고 보았다. 지금도 여전히 그렇게 보는 이들이 많다.

1986년 진화생물학자 마크 커크패트릭Mark Kirkpatrick은 장식의 생존 불리함이 장식의 성적 유리함과 정비례한다면, 진화는 장식도 성적 선호도 선호하지 않을 것임을 증명했다.[14] 그럴 때 선택은 집단 내에서 그 형질을 늘리지 않는다는 것이다. 하지만 1990년에 동물행동학자이자 진화생물학자 앨런 그래펀Alan Grafen은 장식의 불리함과 짝짓기 선호 사이의 관계가 비선형이라면 핸디캡 원리가 장식의 진화를 설명할 수 있음을 보여주었다.[15] '설명할 수 있다'가 '설명한다'가 아님을 유념하기를. 논쟁은 지금도 이어진다.

프럼은 모은 증거들이, 장식과 선호가 자연선택의 작용 바깥에서 공진화한다는, 즉 미적 선택과 자연선택이 함께 진화를 추진한다는 개념을 뒷받침한다고 해석한다. 미적 선택은 역사적 상황에 따라 달라지는 변이를 생성한다. 즉, 세부 사항이 사건들의 순서에 따라 달라지고, 아주 변덕스러운 방향을 취할 수도 있다. 따라서 프럼은 아름다움이 더 다양한 형태가 출현하도록 한다고 결론지었으며, 그 결론은 1만 종의 새들에게서 관찰되는 변이에 들어맞는 듯하다. 문제가 이렇게 복잡한 양상을 띠기에, 미적 선택의 역할을 탐구하려는 열기가 뜨겁다.

지금까지의 이야기를 종합하면 이렇다. 아름다움은 익숙한 특징과 낯선 특징을 다 지니며, 진화와 아름다움은 아주 복잡한 방식으로 연결되어 있다. 이 진화적 측면은 아름다움과 비탄의 관계를 살펴보는 데 도움을 줄 것이다.

첫째, 진화는 예쁨과 아름다움을 구별하는 통찰력을 어느 정도 제공할 수 있다. 크리스마스 조명 이야기로 돌아가보자. 예쁨은 우리가 보는 것이다. 아름다움은 더 깊고 초월적인 무언가를 암시한다. 나무와 전등은 전혀 다른 세계에 속하므로, 둘을 결합한다는 것 자체가 이미 새로움을 시사한다. (서로 이

질적인 대상들의 조합이 반드시 아름다움을 의미하는 것은 아니다. 콘플레이크 그릇에 크리스마스 전구를 달아놓고 아름답다고 할 사람은 없을 것이다.) 익숙함은 양쪽 범주의 대상들이 우리 일상 세계의 일부라는 사실에서 나온다. 아마 벌린의 호기심 이론은 여러 색깔의 전등을 볼 때의 더 작은 감정 반응을 설명할 수 있을 것이다. "너무 낯선 패턴[여러 색깔의 전등들]은 많은 갈등을 일으킬 만큼 충분한 반응을 일으키지 않을 것이다." 그럴 수도 있겠지만, 대신에 우리는 바우어새 수컷의 바우어 bower를 연구한 프럼의 견해를 따를 것이다. 수컷은 잔가지들을 모아 두 줄로 나란히 벽을 세워서 만든 바우어로 암컷을 꾄다(구글에서 사진을 찾아보면, 깊은 인상을 받을 것이다). 프럼은 이렇게 설명한다. "새틴바우어새 수컷은 파란색을 띤 온갖 물건을 모아 바우어를 장식하며, 바우어 앞쪽에 지푸라기를 깔아 앞뜰을 조성한 뒤에 그 위에 파란 물건들을 쌓아놓는다. (⋯) 대부분의 큰바우어새 집단에서 수컷은 옅은 색깔의 조약돌, 뼈, 달팽이껍질을 모아 바우어를 장식한다."[16] 즉, 미적 선택은 나뭇가지들을 배치하고 단색의 물건들로 장식했을 때 아름답다는 것을 발견했다.

엄마가 자신의 미적 선택을 바우어새 구애 의식과 연관 지어 설명하지 않았다는 것은 거의 확실하다. 열 살짜리 아들이 바우어새 구애를 언급했다면 엄마는 무슨 생각을 했을까? 나는 엄마가 예쁜 불빛들이 너무 '잡다해서' 아름답지 않다고 말했을 것이라고 예상한다. 아름다움은 어떤 식으로든 간에 더 순수한, 즉 더 단순한 것이었다. 온갖 방식으로 복잡하게 뒤엉켜 있는 세계는 예쁠 수 있다. 엄마는 '초월적'이라는 단어를 쓰지 않았겠지만, 책을 많이 읽었으므로 그 단어를 분명히 알고 있었다. 하지만 나는 그것이 엄마가 묘사하고자 한 특징, 아름다움과 예쁨을 구별하는 것이 무엇인가라는 개념이었다고 믿는다.

우리 계통은 조류 계통과 3억 년 전에 갈라졌다. 이 단색 미적 감각이 공통 조상으로부터 우리와 조류에게로 유전적으로 전달되었다고 보는 것이 합리적일까? 우리 유전암호 중에는 기능이 알려지지 않은 것들이 많이 있지만, 나는 미적 감각이 이렇게 유전되었다는 개념이 그다지 설득력 있다고 보지 않는다. 이 감각이 몇몇 진화 경로를 따라 서로 독자적으로 생성되었을 가능성이 더 높다. 그럴 것 같지 않다고 생각한다면, 눈이 지구 생명의 역사 내내 아마도 40번쯤 서로 다른 계통에서 독자적으로 진화했다는 점을 떠올리자.

다른 종들에게서도 단색의 아름다움을 감상할 능력이 진화했을까? 전부 다는 아니지만, 많은 꽃은 단색이다. 또 분명히 전부 다는 아니지만, 많은 조류는 몇 가지 색깔만 띠며, 거의 한 가지 색깔의 깃털로만 덮여 있다. 예를 들어, 많은 백조는 대체로 흰색이며, 많은 홍관조 수컷은 대체로 붉은색이다.
성선택은 이런 양상을 여러 차례 발견한 듯하다. 이유는? 유전
학자 수얼 라이트Sewall Wright의 적응도 경관fitness landscape이라는
개념을 빌리자면, 이는 추상적 지각 공간에서 하나의 국지적
봉우리에 올라가 있는 것처럼 보인다.[17] 많은 종에게서는 아
름다움이라는 개념이 최대 적응이라는 위치를 차지한다. 그
시점에 그렇다는 것이다. 각 종이 다른 종들의 진화라는 배경
속에서 진화하므로 어떤 것도 고정되어 있지 않다. 더 제대로
기술하자면, 진화는 공진화다. 우리 모두가 함께한다.

아름다움의 초월성은 비탄과 아름다움, 그리고 아름다움
과 기하학 사이의 관계를 보고자 할 때 필요한 마지막 조각이
다. 우리가 비탄과 아름다움을 경험할 때에는 주변 환경의 돌
이킬 수 없는 변화가 지닌 엄청난 정서적 무게를 지각하는 과
정이 수반된다. 게다가 비탄과 아름다움의 경험 모두 초월성
을 수반한다. 아름다움을 본다는 것은 더 깊은 무언가를 언뜻
본다는 것이다. 비탄에 젖는다는 것은 여러 해 동안, 아니 아
마도 결코 떨쳐내지 못할 결과를 낳을 상실을 언뜻 본다는 것
이다.

마찬가지로 기하학의 아름다움도 우리의 지각을 돌이킬
수 없이 바꾸는 엄청난 정서적 무게를 수반하며, 초월적이다.
우리는 기하학 전체를 보는 것이 아니라, 오로지 훨씬 더 깊은

무언가의 그림자, 단서만을 보기 때문이다. 아름다움에 관한 우리 생각은 비탄과 기하학의 공통 특징을 보는 데 필요한 거울이다.

지금까지 우리는 일반적인 주장들을 충분히 살펴보았다. 이제 이야기들을 통해 이런 연관성을 보여주고자 한다. 내 일화가 중요하다고 생각해서가 아니라, 미묘한 개념들을 일반적인 설명보다 이야기를 통해 더 실질적으로 전달할 수 있을 때가 많기 때문이다. 또 내 일화가 당신의 일화를 떠올리도록 바라는 마음도 있다. 당신의 내면세계 풍경이 내 풍경과 일치할 가능성은 낮아 보인다. 나는 당신이 자신의 기억을 따라가면서 나와 다른 결론에 다다르기를 바란다. 그러나 우리 각자가 세계의 모형을 구축하는 방식의 차이를 이해하기 시작한다면, 우리는 자신의 모형을 다듬을 수 있다.

내가 고등학교 1학년 때 배운 기하학은 정말 경이로웠다. 다른 수학 시간과 책에서 단편적으로 접했던 모든 기하학 내용이 하나로 엮였다. 증명의 짜임새와 흐름은 아름답고 투명하고 순수하다. (물론 급우들이 모두 증명에 기쁨을 느낀 것은 아니었다고 인정한다. 증명이 지루하기 그지없다고 여긴 친구들도 있었으니까. 그들에게 나는 "네 손해지, 뭐"라고 말하련다.) 그리고 질문들도 있었다. 고대 그리스인들은 숫자 π를 원의 원둘레와 지름의 비로 정의했는데, 이 비는 왜 모든 원에서 동일할까?

답은 있으며 꽤 우아하지만, 호기심 많은 고등학교 1학년 학생에게는 즐거운 수수께끼였다. 집에서 저녁에 책상 앞에 앉아 숙제를 하거나 책을 읽을 때, 나는 때때로 창밖을 내다보곤 했다. 해가 지면서 저녁 하늘이 자주색에서 남색을 거쳐 검은색으로 변하고 별이 하나둘 보일 때, 저 별들 중 어딘가에 자신의 환경을 생각할 수 있는 존재가 사는 행성이 있지 않을까 생각했다. 그들이 세계의 모습을 기하학으로 추상화한다면, 나는 그것이 내가 아는 기하학일 것이라고 생각했다. 이 보편성 감각은 경이로운 것이었다.

많은 생각과 교사와의 아주 흥미로운 대화는 한 가지 설명으로 이어졌다. 기하학은 시간과 공간의 구조에 관한 사실들을 기호로 담는다. 개념들이 너무나 산뜻하게, 너무나 완벽하게 들어맞는다. 어떤 증명이 내 머릿속에 온전히 다 떠올랐을 때, 각 단계가 어떻게 왜 들어맞는지를 알았을 때, 나는 어느 모로 보아도 미묘한 작은 기쁨을 처음으로 맛보았다.

그리고 기하학을 맡은 그리피스 선생님이 있었다. 머리가 벗겨지기 시작한 좀 젊고 기하학을 무척 사랑한다는 것이 한눈에 드러나는 선생님이었다. 내가 볼 때 그 사랑은 전염성이 있었다. 내가 열다섯 살 때 기하학과 사랑에 빠진 이유를 알겠는지? 예순아홉 살인 지금도 나는 그때처럼 기하학을 사랑하고 있다.

당시 교사 봉급은 얼마 되지 않았으며, 터무니없게도 상황은 그 뒤로도 별로 나아지지 않았다. 그리피스 선생님은 저녁에 부업으로 웨스트버지니아주 도로 위원회에서 컴퓨터 조작원으로 일했다. 그는 내게 컴퓨터 센터를 구경하라고 초대했고, 어느 날 저녁에 나는 할아버지의 차를 타고서 찰스턴에 있는 센터로 향했다. 커다란 방에 냉장고만 한 컴퓨터들이 가득 들어서 있고, 테이프 드라이브들이 차르르 돌아가고, 계기판 불빛들이 깜박거리던 장면이 떠오른다. 선생님은 각 장치가 무엇이고 어떤 일을 하는지 설명했다. 또 컴퓨터가 당시 어떤 문제를 처리하는지도 알려주었다. 웨스트버지니아주 턴파이크의 교통 흐름 시뮬레이션이었다. 수학이 현실 문제를 푸는 데 쓰이고 있었다. 그것이 어떤 일인지를 나도 어느 정도 알고 있었다. 어쨌거나 우주비행사 존 글렌John Glenn의 궤도 비행은 내가 초등학생일 때 이루어졌으니까. (당시 나는 알지 못했지만, 수학자 캐서린 존슨Katherine Johnson은 나사에서 우주선의 발사와 착륙에 관한 많은 계산을 하기 오래전에, 우리 집에서 카나화강 건너편에 있는 고등학교에 다녔다.)[18] 그렇긴 해도 직접 눈으로 보니 실감이 났다. 나는 이 기계들을 보면서, 원하는 만큼 만져볼 수 있었다. 수학은 물리적인 것이 되었다.

봄 학기 말에 나는 그리피스 선생님과 기하학 학습의 정서적 충격을 논의하기도 했다. 그때쯤 우리는 더욱 복잡한 기법을 공부한 상태였다. 증명은 더 길어지고 더 미묘해졌고, 내가 상상할 수 있는 그 어떤 측면에서 보아도 더 아름다웠다. 그러나 가을 학기가 시작된 뒤로는 그 정도까지는 재미가 없었다. 우리는 증명이 더 길어져서 한꺼번에 다 머릿속에 담기가 더 어려워졌다는 등 가능한 이유를 놓고 대화를 나누었다. 그런데 그때 선생님이 대화의 방향을 돌려 어떤 음악을 좋아하는지 물었다. 가장 먼저 바흐의 〈브란덴부르크 협주곡 5번〉이 머릿속에 떠올랐다. 그 음악을 몇 번이나 들었더라? 적어도 수십 번이었다. 처음 그 음악을 들었던 때를 기억하는지? 그렇다. 뚜렷이 기억한다. 친구인 게리 윈터Gary Winter의 집에서였다. 어떤 느낌을 받았던가? 그런 음악을 난생처음 듣는 것 같았다. 등줄기를 따라 전율이 일었고, 너무나도 아름다운 패턴이었다. 지금 들을 때에도 같은 느낌을 받을까? 똑같지는 않았다. 패턴의 변이를 더 잘 알아들을 수 있지만, 처음 들었을 때 와닿은 충격은 결코 다시 느끼지 못했다.

선생님은 말했다. "바로 그게 문제야. 아름다운 것을 처음으로 듣거나 볼 때 가장 강렬한 느낌을 받을 수 있어. 때로는 그 첫 경험이 끝날 때 그 무언가를 향한 느낌이 사그라드는 것 같기도 해. 피타고라스 정리의 증명을 처음 볼 기회는 한 번뿐인 거지."

이 개념은 오랫동안 내 머릿속에 계속 남아 있었고, 내가 논리학, 코딩, 양자역학, 일반 상대성, 미분위상기하학, 프랙털기하학, 동역학 시스템, 더 최근의 수리생물학에 이르기까지 무언가를 처음 배우기 시작할 때마다 다시금 떠오르면서 강화되었다. 이 모든 것은 '처음'을 수반한다. 예를 들어, 괴델 기수법을 처음 배울 때, 우리는 수를 변수와 논리연산, 이어서 명제에 할당한다.[19] 세심하게 한다면(그리고 괴델Kurt Gödel은 아주 세심했다), 나름의 수를 가리키는 명제를 적을 수 있다. 괴델은 이 자기 지시를 이용하여 불완전성 정리를 증명할 수 있었다. 이 개념은 진정으로 탁월하기에 그것이 일으키는 놀라움을 "등줄기가 찌릿하고, 목이 메고, 마치 오래된 기억 속 높은 곳에서 떨어진 것 같은 아찔한 느낌"이라는 형태로 받는 순간은 단 한 번밖에 없다.[20] 증명을 다시 검토하고 반복해 다시 공부하면 처음에 탐구할 때 놓쳤던 미묘한 점들이 드러날 수 있지만, 그런 아름다움을 처음 접했을 때의 절대적 경이감을 재현할 수는 없다.

내가 아름다운 것을 볼 때 처음으로 느끼는 아름답다라는 깨달음에는 비탄의 분위기가 배어 있다. 그렇게 강한 느낌을 다시는 받지 못하리라는 것을 알기 때문이다. 예쁜 것을 볼 때에는 아름다움을 처음 언뜻 볼 때 수반되는 '헉' 하는 것 같은 최초의 숨 막히는 느낌이 전혀 없다. 똑같은 예쁜 것을 그 뒤에 다시 보아도 동일한 즐거움을 느낄 수 있지만, 비탄을 전혀 느끼지 않는다. 첫 인상이 재현 가능하기 때문이다.

기하학의 비탄 중 일부는 여기에서 나온다. 아름다운 기하학 건축물을 처음 보았을 때 우리의 생각들이 되돌릴 수 없는 방식으로 재배치된다는 점이다. 두 번째 보았을 때에는 첫 번째 본 느낌을 받을 수 없다.

이 비탄 차원의 또 다른 사례를 제시하기 위해서 한 번 더 프랙털기하학으로 돌아가보자. 나는 예일대에서 이 강의를 20년 동안 했는데, 첫날에는 자기 유사성의 기본 개념을 훑었다. 1장에서 다룬 세 조각으로 이루어진 시에르핀스키 개스킷을 떠올리자. 다음 쪽의 그림에서처럼 아래 왼쪽과 오른쪽, 위 왼쪽의 세 조각이다. 각 조각은 전체 도형과 유사하기에, 자기 유사성을 띤다고 한다. 고사리, 나무, 강 유역, 해안선, 산맥, 지구의 구름, 목성의 구름, 성운, 우리 허파, 우리 순환계와 신경계, 월리스 스티브스Wallace Stevens의 일부 시, 많은 (충분히 긴) 음악 작품 등 자연적인 자기 유사성의 사례는 아주 많다. 자기 유사성이라는 주제는 자연에 있는 많은 형태를 이해하는 또 다른 방법을 제공하는 대칭, 즉 확대하의 대칭을 드러낸다.

두 번째 시간에는 프랙털 이미지를 생성하는 단순한 규칙을 찾아내는 데 초점을 맞추었다. 다시 시에르핀스키 개스킷에서 시작하자. 개스킷 전체를 절반으로 축소한 뒤, 줄어든 개스킷을 원래 개스킷의 아래 왼쪽 자리에 놓는다. 마찬가지로

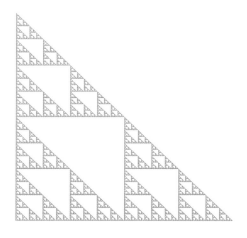

절반으로 줄인 것을 이번에는 원래 개스킷의 아래 오른쪽 자리에 놓는다(가운데 그림). 세 번째도 마찬가지로 절반으로 줄여 원래 개스킷의 위 왼쪽 자리에 놓는다(오른쪽 그림). 개스킷에 이 세 규칙을 적용하면 원래 개스킷이 나온다. 사실 이 개스킷은 이 세 규칙을 썼을 때 변하지 않은 채로 남아 있는 **유일한** 모양이다.[21] 다른 모양에는 이 규칙을 적용하면, 같은 모양이 나오지 않는다. 한 예로, 이 세 개스킷 규칙을 고양이 그림에 적용해보라(다음 쪽의 그림). 한 번 반복하면 더 작은 고양이 세

   ...

마리가 나온다. 이 작은 고양이 세 마리에 다시 세 규칙을 적용한다고 하자. 그러면 더욱 작은 고양이 아홉 마리가 나온다. 계속한다면 이윽고 고양이들이 개스킷으로 변하는 듯하다. 어떤 횟수만큼 반복한 뒤에도, 이미지는 여전히 아주 많은, 아주 작은 고양이로 이루어져 있다. 개스킷은 이 과정의 극한이다. 그러나 고양이 그림들의 수열은 이 과정의 극한이 개스킷임을 설득력 있게 보여주긴 한다.

이 이미지들을 한 번에 하나씩 순서대로 보여주면, 모든 학생은 스크린을 뚫어지게 바라보고 있었고, 입을 쩍 벌린 학생도 많았다. 헉 하는 소리도 들리고 저도 모르게 욕설을 내뱉는 이들도 있었다. 어떻게 이런 일이 일어날까? 학생들은 알고 싶어 했다. 다음 시간에는 회전과 반사를 평행 이동과 규모 확대 및 축소와 결합한 더 일반적인 변환을 소개했다. 다음 쪽에 실린, 더 복잡한 프랙털의 규칙을 찾는 일도 연습을 충분히 하고 나면 꽤 쉽다. 게다가 해마다 학생 10여 명은 모양을 즐기지 못하게 방해하는 규칙들을 스스로 찾아냈다고 말하곤 했다. 일단 프랙털을 해체하는 법을 배우면, 그 모양은 아름다움의 일부를 잃었다.

우리는 불가역성을 보지만, 이를 비탄이라고 부를 텐가? 학생들은 분명히 그렇지 않았다. 자신이 받은 인상을 묘사할 때 대부분은 슬프다고 말했고, 소수는 수수께끼였던 것이 반사, 회전, 평행 이동을 찾아내려는 시도로 바뀌었기에 이제는 짜증이 난다고 했다. 이런 아름다운 프랙털은 기하학 퍼즐에 거의 등장한 적이 없었다. 여기에는 비탄도 전혀 없다.

비탄에는 불가역성 외에 다른 무언가도 필요하다. 비탄은 상실의 정서적 무게 및 초월성과 결합된 불가역성이다. 상실한 것이 자신에게 엄청나게 중요한 것이 아니라면, 상실에 비

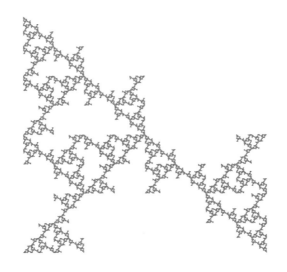

탄을 느끼지 않을 것이다. 어쨌거나 제자들 중에서 기하학을 자신의 삶에서 가장 중요한 것에 속한다고 여기는 사람은 거의 없다.

하지만 나는 다르다. 매번 새로운 기하학을 배울 때마다, 지각 공간에 다른 문들이 닫히면서 새로운 문이 열린다. 나는 이런 닫힌 문 하나하나가 가능성들의 세계 전체를 영구히 차단한다는 것을 서서히 깨달았다. 앞서 배웠던 것들에 방해를 받지 않으면서 새로운 무언가를 본다는 것은 불가능하다. 즉, 다음과 같은 식으로 이루어질 수밖에 없다. 내가 배우는 모든 기하학은 그전까지 알아차리지 못한 채 지나쳤던 연결을 보게 할 수 있는 한편으로, 그 기하학이 없었다면 볼 수도 있었을 연결을 못 보게 한다는 것이다. 이런 가능한 세계들의 상실을 나는 진정으로 비통해한다. 부모님이나 키우던 고양이의 상실만큼은 아니라 해도, 이 상실도 지독히 쓰라리고 화끈거리게 하고 돌이킬 수 없다.

당신이 기하학을 나처럼 받아들이지 않는다면, 이 주장을 어리석게 여길 가능성이 높다. 그리고 당신에게는 바보 같아 보일 것이다. 그러나 여기서 내 목표는 당신의 삶에서 유사한 부분을 찾도록 돕는 것이다. 잠재적 상실, 잠재적 비탄의 지각은 실제 비탄의 상황에 접근할 방법을 더 잘 이해하도록 도울 수도 있다. 사례를 하나 들어보자.

오랫동안 나는 프랙털기하학 강의를 헨리 허위츠Henry Hurwitz 이야기로 마무리했다. 1990년대 초에 나는 뉴욕 스케넥터디에 있는 유니언칼리지에서 가르쳤다. 그곳에서 신입생과 2학년 수준의 프랙털기하학과 카오스 동역학 시스템 강좌를 개설했다. 그때 물리학과의 데이브 피크는 과학을 전공하지 않은 학생들에게 정량적 사고를 가르치기 위해, 가르치는 내용은 비슷한 반면 수학은 덜 들어간 강좌를 구상 중이었다. 우리는 공동으로 강의안을 짜서 가르쳤다. 나중에 유니언칼리지를 떠났을 때 나는 예일대로, 데이브는 유타주립대로 가서 각자 같은 강좌를 개설했다. 우리 강좌는 서로 독자적으로 진화했지만, 뿌리가 같다. 데이브와 함께 일한 때가 내 인생에서 가장 행복한 시절이었다. 우리가 유니언칼리지에 20년 더 머물면서 연구를 함께했다면 어떻게 되었을지 궁금증이 인다. 나는 그 상실을 생각할 때 비탄에 젖는다. 많이.

유니언칼리지에서 가장 저명한 교수는 랠프 앨퍼였다. 조지 가모의 제자이었던 랠프는 빅뱅 모형을 시사적인 만화에서 검증 가능한 예측을 지닌 확고한 우주론으로 전환시킨 독창적인 계산 중 일부를 수행했다. 랠프는 스케넥터디의 제너럴 일렉트릭GE 연구소에서 일하다가 유니언칼리지의 교수로 왔다.

헨리 허위츠는 제너럴 일렉트릭의 핵물리학자로서, 그곳에서 랠프를 만났다. 헨리는 은퇴했을 때 핵물리학이 가정에서 추구할 수 있는 취미 활동이 아님을 알아차렸다. 그래서 IBM PC를 사서 자신이 풀 수 있는 문제들을 살펴보기 시작했다. PC에는 다음 쪽의 그림에 나온 망델브로 집합의 이미지를 생성하는 프로그램도 들어 있었다.[22] 그가 망델브로 집합의 일부 문제를 풀 수 있을까? 헨리는 랠프에게 물었고, 랠프는 나와 이야기해보라고 헨리를 보냈다. 명석한 수학자들이 여러 해 동안 집중적으로 연구했음에도 아직 풀지 못한 한 문제를 비롯하여 몇 가지 아주 미묘한 문제들이 망델브로 집합과 관련이 있다. 그러나 나는 다른 문제도 하나 알고 있었는데, 103쪽에서 언급한 제자 애덤 로부치가 수학적으로 관찰한 패턴의 증명을 유도하는 것이었다. 헨리는 그 문제에 관심이 있었고, 두 달 동안 정기적으로 내 사무실에 들렀다. 나는 이 논의에 데이브 피크가 합류해 기뻤다. 매주 헨리는 자신의 성과를 갖고 와서 논의를 진척시켰다. 우리는 많은 질문을 했고, 몇 가지 제안을 했으며, 헨리는 그것들을 안고서 집으로 돌아갔다. 그주 내내 데이브와 나는 그의 사무실, 내 사무실, 두 사무실 사이의 통로에서 그 문제를 논의했다. 아주 재미있었다.

그러던 어느 날 랠프가 내 사무실로 와서 헨리의 연구가 어떻게 진행되고 있는지 물었다. 나는 꽤 진척시켰다고 말했지만, 아직 우리는 핵심 개념을 찾아내지 못한 상태였다. 랠프는 좀 더 빨리 진척시킬 수 있는지 물었다.

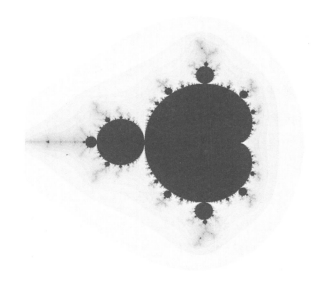

"왜 더 빨리 해야 한다는 거죠?"

"헨리가 말기 암이라고 진단이 나왔거든. 몇 달 못 살 거야."

"맙소사. 그는 어떻게 하겠대요?"

"진료실에서 나오자마자, 더 빠른 컴퓨터를 샀대."

저런. 나는 헨리가 문제풀이를 얼마나 좋아했는지 깨달았다. 데이브와 나는 더 열심히 일했다. 헨리는 여전히 매주 내 사무실로 왔다. 그가 자기 병을 언급하지 않았기에, 우리도 그 이야기를 꺼내지 않았다. 그리고 해답의 조각들이 맞추어지기 시작했다.

랠프가 다시 내 사무실에 와서 진척 상황을 물었을 때, 나는 그에게 증명의 주된 개념을 개괄했다고 알려주었다. 몇 가지 세부사항이 남아 있긴 했지만, 나는 끝낼 수 있을 것이라고 확신했다. 랠프는 헨리가 주말까지는 살아있을 것이라고 했다. 헨리의 임종을 지키기 위해 자녀들도 와 있었다. 헨리가 데이브와 내가 연구를 끝내리라는 것을 알 가능성이 높다는 의미였다. 그에게 알려주겠는가? 당연하죠.

랠프가 떠난 뒤에 나는 생각했다. 잠깐, 그런데 어떻게 알려주지? 지금까지 헨리를 만난 곳은 줄곧 내 사무실이었다. 그의 집에 찾아가서 초인종을 누른 뒤 부인에게 이렇게 말할 수는 없었다. "헨리가 곧 세상을 떠날 것이라는 말을 들었어요. 안타깝습니다. 그와 수학 문제를 이야기하러 찾아왔어요." 다소 비슷한 이유로 전화를 거는 것도 좀 그랬다. 당시에는 전자우편이 흔치 않았고, 어쨌거나 너무 비인간적이었다. 그래서 나는 편지를 썼다. 헨리에게 데이브와 내가 그와 함께 연구를 하면서 너무나 즐거웠다고 말하고, 그 문제를 풀 것이라고 약속했다.(우리는 약속을 지켰다.)[23] 나는 화요일에 편지를 보냈다. 다음 주 월요일에 헨리의 부인이 전화를 했다. 헨리가 목요일에 편지를 받아 읽은 뒤에, 잠시 생각하더니 데이브와 내가 해답을 마무리할 것을 믿지 않는다고 말했다는 것이다. 헨리는 진통제를 끊고는 다시 그 문제에 매달려서 남아 있는 모든 단계를 개괄하는 일에 착수했다. 부인은 마지막 며칠 동안 헨리가 최선을 다해 문제를 푸는 데 매달렸다고 했다. 자신이 가장 좋아하는 일이었다. 나는 물었다. 그의 추도식에서 한마디 해도 될까요?

나는 제너럴 일렉트릭에서 헨리와 함께 일한 렌슬리어공대의 노벨상 수상자 이바르 예베르Ivar Giaever, 랠프와 함께 연단에 올랐다. 내가 추도식에서 한 말, 강의를 끝낼 때 한 말은 이것이었다. 헨리에게 많은 것을 배웠지만, 헨리가 일하는 모습을 지켜봄으로써 배운 것이 가장 중요했다고. 즉, 자신이 좋아하는 일을 할 때 어떻게 해야 하는지를 깨닫게 해주었다고. 그저 돈을 벌기 위해 싫어하는 일을 하면서 평생을 보낸다면, 유전물질의 낭비다. 헨리는 문제를 푸는 일을 사랑했다. 나는 가르치는 일을 사랑한다. 교육의 진정한 목적은 여러 분야를 접하게 함으로써 자신이 진정으로 사랑하는 것이 무엇인지를 발견하도록 하는 것이다.

교사로서의 경력을 끝냈을 때, 내게는 추가로 조언해줄 사항이 전혀 없었다. 단순히 관찰하면서 자신이 무엇을 좋아하는지를 파악하라는 것 말고는 없었다. 지금은 추가 조언을 한다. 당신이 한 분야의 연구를 영원히 못하게 되었다고 상상해보라. 당신은 비탄에 젖을까? 그냥 슬픈 것이 아니라 정말로 비탄에 젖는다. 이는 무언가를 사랑한다는 것을 표현하는 방식

중 하나다.

2016년 봄에 나는 교사 생활을 접었다. 건강이 안 좋아져서 학생들이 받아 마땅한 수준으로 강의에 몰두할 수 없었기에, 열의 없이 하느니 그만두기로 했다. 퇴직으로 나는 야구방망이가 아니라 쇠망치로 머리를 얻어맞은 듯한 타격을 입었다. 나는 비탄에 잠겼다. 지금도 여전히 그렇다.

하지만 그렇지 않기도 하다. 여전히 강의실에 있는 꿈을 꾸다가 깨어날 때마다 느끼는 비탄은 내가 사랑하는 일을 하면서 42년을 보냈음을 상기시킨다. 내 일이 아무리 보잘것없었다고 할지라도, 그것은 내가 했어야 하는 일이었다. 기하학과 교육, 고양이. 나는 더 이상 가르칠 수 없으며, 기하학은 하루하루 지날수록 내 머릿속에서 조금씩 빠져나간다. 문 하나는 영구히 닫혔고, 다른 하나도 닫히기 시작했다. 그 때문에 매일같이 나는 상심한다. 그러나 아내와 나는 여전히 봄 아침과 가을 저녁을 즐길 수 있다. 그리고 여전히 고양이들을 돌보고 함께 지내면서 즐거워할 수 있다.

기하학의 비탄은 주로 기하학자와 관련이 있지만, 내게 기하학이 중요한 만큼 당신이 자신의 삶에서 중요한 분야를 알아보는 데 내 이야기가 도움이 되었으면 하는 마음이다.

한편으로, 다음 장에서는 비탄의 기하학이 모든 이와 관련 있음을 설득하고자 한다.

4 이야기

Story

끊긴 길의 그늘

우리 각자는 나름의 방식으로 비탄을 느낀다. 각자에게 맞게 잘리고 조각되고 새겨지는 비탄이다. 그럼에도 나는 이제 각자 사적인 형태의 비탄을 이해하는 데 기하학이 도움을 줄 방법이 있다고 주장하련다. 단계들의 지도가 아니라 추상공간을 지나는 길들, 즉 궤도들의 집합이다. 먼저 방법, 이어서 이유를 알아보기로 하자.

이 추상공간은 감정의 공간인 것만이 아니다. 호르헤 루이스 보르헤스가 〈끝없이 두 갈래로 갈라지는 길들이 있는 정원 The Garden of Forking Paths〉에서 제시한 방대하게 갈라진 시간대들인 것만도 아니다. 이 단편소설에서는 우리가 가능한 모든 미래의 삶 중에서 매번 한 가지를 선택한다.[1] 내가 **이야기 공간** story space이라고 부를 이 공간은 매우 고차원, 아마도 무한 차원일 것이다. 우리 삶에 영향을 미칠 수 있는 세계의 독립적인 구성 요소 하나하나가 하나의 차원을 이루는 공간이다. 이 말은 너무 일반적이어서 별 쓸모없게 들린다. 어느 누구도, 최고의 초경계 능력을 지닌 해병대 특수 수색대조차도 주변의 **모든 것**을 계속 추적할 수는 없다. 이야기 공간의 유용성은 우리의 계속 바뀌는 초점에서 드러난다. 어느 시점에든 간에 우리는 자신의 행동에 영향을 미치는 삶과 주변 환경의 측면들을 열 가지도 채 의식하지 않는다. 그러나 시간이 흐르고 상황이 변함에 따라서 중요한 측면들, 차원들도 바뀐다. 이야기 공간을 지나는 우리 길은 이야기 공간의 저차원 부분공간에 국한된 불분명한 궤도다. 그러나 어느 부분공간, 어느 차원인지는 우리 삶이 펼쳐짐에 따라서 달라진다.

이야기 공간이라는 개념은 수십 년 동안 내 생각의 주변부에서 어른거렸고, 시인이자 언론인인 어밀리아 어리Amelia Urry와 《프랙털 세계들Fractal Worlds: Grown, Built, and Imagined》 4장에서 문학에서의 프랙털 사례들을 논의할 때 종종 곁다리로 등장하곤 했다.

우리는 삶을 이야기 공간의 '길'이라고 보는 모형을 사용할 것이다. 다른 가능성들도 열려 있긴 하지만. 한 가지 말해두자면, 여기서 시간은 독립변수가 아니다. 우리의 기억과 상상은 우리를 시간적으로 앞뒤로 데려가면서 시간이 창발적 현상이라는 개념에 어떤 서사적 표현을 제공한다. 우리가 과거를 기억할 수 있지만 미래를 기억할 수 없는 이유를 우리에게 다가오는 데이터 다발을 하나로 묶어야 한다는 사실로 설명할 수도 있을지 모른다. 즉, 우리는 미래를 충분히 상세하게 지각하고 처리할 수 없다. 이는 아주 까다로운 개념인데, 물리학자 카를로 로벨리Carlo Rovelli의 경이로운 책에 잘 설명되어 있다.[2]

일부 작가들은 이야기의 다른 기하학적 표현 방식을 탐구해왔다. 커트 보니것Kurt Vonnegut의 〈문예 창작을 위한 충고Here Is a Lesson in Creative Writing〉는 재미있는 사례다.[3] 존 맥피John McPhee는 서사 구조와 지리적 특징의 유사성을 흥미롭게 그려낸다.[4] 좋든 싫든 간에 우리는 기하학에 둘러싸여 있다. 기하학은 우리의 지각에 영향을 미치며, 우리 생각을 여러 범주로 분류한다. 그리고 우리가 미처 알아차리지 못한 패턴을 찾도록 도울 수 있다.

이야기 공간의 가능한 차원들이란 무엇일까? 어떤 분석을 하든 간에 우리는 겨우 몇 가지 차원에만 초점을 맞추겠지만, 먼저 더 긴 목록을 제시하는 것으로 시작해보자. 다음은 이야기 공간의 몇 가지 차원들이다.

- 물리적 위치
- 감정 상태

- 물리적 환경
- 주변 사람들
- 최근 기억의 현재 내용
- 앞서 지각한 과제들
- 활동 공간(이야기 줄거리)

이 범주들은 엉성하게 나눈 것에 불과하다. 각 범주는 독립적인 좌표들로 더 세분할 수 있다. 예를 들어, 감정 상태는 **두려움-편안함**이라는 축에서 차지하는 위치로 묘사할 수 있다. 또 독립적으로 **차분함-화남** 축의 위치로도 묘사할 수 있다. 다른 축들도 많이 있다. 이 축들은 독립적이다. 얼마나 두렵거나 편안하다고 느끼는지가 얼마나 차분하거나 화나는지에 영향받을 필요가 없기 때문이다.

정말로? 편안하면서 화가 날 수도 있지 않을까? 내 경험상 그렇다고 확실히 말할 수 있다. 중학교 1학년 때였다. 학교는 집에서 3킬로미터 남짓 떨어져 있었는데, 나는 걸어서 오가는 것을 좋아했다. 어느 날 오후에 걸어서 집으로 오다가 나보다 훨씬 더 큰 3학년 학생이 덤불에 숨어 있던 고양이를 집어 올리더니 바지 주머니에서 라이터 기름이 든 통을 꺼내는 것이 보였다. 그가 통 마개를 열기도 전에 나는 그의 무릎 뒤를 빠르게 세게 온몸으로 들이받았다. 고양이는 무사히 달아났고,

나는 그를 꼼짝 못하게 만들었다. 그 행동을 자랑하려는 것도, 내가 얼마나 뿌듯했는지를 말하려는 것도 아니다. 사실 나는 고양이를 구한 내 행동에 흡족한 동시에 그 학생에게 분노를 느꼈다. 이런 감정들을 더 상세히 해부하기란 불가능하다. 약 60년이 흐른 뒤니까.

감정 상태도 **슬픔-행복** 축의 위치를 비롯하여 마음속으로 떠올릴 수 있는 온갖 축의 위치로 나타낼 수 있다. 내가 읽은 어떤 문헌에는 우리의 원초적인 감정 상태가 여덟 가지라고 나와 있고, 다른 문헌에는 열 가지, 또 다른 문헌에는 스무 가지라고 써 있었다. 그러니 그냥 '많다'고 하자. 이 목록들을 찾아보면, 다양한 감정 상태가 있음을 알게 될 것이다. 좀 의아해할 독자를 위해 한마디하자면, 복잡한 감정 상태를 여러 방식으로 해체할 수 있기 때문이다.

그림을 이용하면 해체를 설명하는 데 도움이 될 수도 있겠다. 한 점의 위치를 두 다른 좌표계를 써서 나타낸다고 생각할 수 있다. 다음 쪽의 그림에서는 평면에서의 모든 점의 위치가 x방향(x축에 그린 굵은 실선)에서의 거리와 y방향(y축에 그린 그물선)에서의 거리로 결정된다. 오른쪽 그림에서는 같은 점이 u방향(u축에 그린 굵은 실선)과 v방향(v축에 그린 그물선)에서의 거리로 결정될 수도 있음을 본다. u방향과 v방향의 쌍은 어느 방향으로든 그릴 수 있다. 평행하지 않은 한 그렇다.

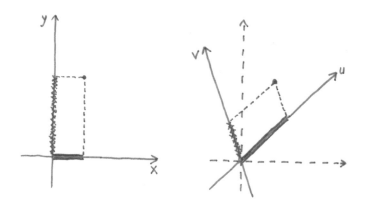

물리적 위치는 위도와 경로로 내 (대략적인) 위치를 나타낼 수도 있고, 도시와 도로 주소로 나타낼 수도 있다. 둘 다 거의 같은 정보를 제공하지만, 실질적으로 다른 좌표계를 쓴다. 더 고차원 공간에서도 비슷한 작도를 할 수 있지만, 그림을 그리기가 훨씬 어렵다. 이런 개념을 일반화하기에 적합한 방법이 무엇인지는 선형대수학이라는 수학 분야에서 다룬다.

한 가지 유용한 점은 어느 시점에, 우리가 이야기 공간에서 우리 위치의 좌표들 중 몇 가지에만 주의를 기울일 수 있다는 것이다. 이를 **제한적 주의 집중 원리**principle of limited attention라고 하자. 우리의 위치는 언제나 완벽하게 정해지지만, 우리는 이 위치가 적은 수의 좌표들로 정의되는 부분공간으로 투영된 형태, 즉 그림자만 지각한다. 부분공간이란 무엇일까? 좌표들 중 일부를 무시할 때 얻는 것이다. 예를 들어, xy 평면은 삼차원 공간의 부분집합이다.

방금 제시한 짧은 차원 목록은 시작에 불과하다. 이제 하나의 제한된, 아주 단순한 사례를 들어 구체적으로 살펴보자. 빌과 스티브는 숲에 길게 뻗은 길을 걸으면서 꽤 편안함을 느낀다. 스티브는 빌보다 더 그렇다. 빌은 소음, 아마도 곰이 내는 듯한 소리를 들었기에, 좀 겁이 난다. 하지만 곧 그 소리가 사슴이 낸 것임을 알아차린다. 두려움은 사라지고 다시 편안하게 걷는다. 그 소음을 듣기 전보다는 아주 조금 덜 편안하지만. 어쨌거나 다음 소음은 곰일 수 있으니까(다음 쪽 그림 참조).

스티브는 이 숲이 좀 낯설기에 빌처럼 소리가 났을 때 금방 알아차리지 못한다. 즉, 처리하지 못한다. 그래서 스티브의 두려움은 좀 더 늦게 나타나기 시작한다. 그리고 빌보다 더 높이 솟구친다. 그는 빌보다 더 늦게 사슴임을 알아차리기에, 그의 두려움은 빌의 두려움이 가라앉기 시작한 시점에도 여전히 증가하고 있다. 이윽고 스티브의 두려움도 가라앉지만, 사슴을 본 뒤로도 얼마 동안 더 높은 상태로 남아 있다.

가로축이 시간이고 세로축이 **두려움-편안함**인 이차원 그래프에서 우리는 빌과 스티브의 길이 한 점에서 교차하는 것을 본다. 이 단순한 표현에서 보듯이, 한 시점에서 빌과 스티브는 동일한 마음 상태를 지닌다.

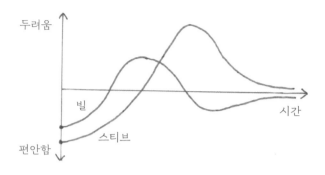

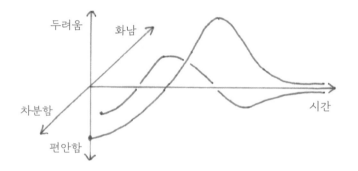

여기에 차원을 하나 더, **차분함-화남** 축을 덧붙이자. 스티브가 곰을 겁내는 동안 이 축에서 그의 위치를 0이라고 하자. 즉, 스티브의 길은 **두려움-편안함** 축과 **시간** 축으로 결정되는 평면에 머물러 있다. 곡선들과 선들의 전반적인 교차는 그림에 묘사된 세 번째 차원을 분석하는 데 도움을 준다.

또 빌이 처음부터 좀 화가 난 상태라고 하자. 스티브가 배낭에서 짐을 좀 많이 빼버렸기 때문일 수도 있다. (이 말이 터무니없게 들린다면, 빌 브라이슨Bill Bryson의 유쾌한 책《나를 부르는 숲A Walk in the Woods》을 읽어보기를. 이 사례는 그 책에서 영감을 얻은 것이다.5) 시간이 흐르면서 빌의 분노는 가라앉았지만, 여전히 좀 화가 난 상태로 남아 있다. 삼차원을 나타낸 아래쪽 그림에서 보듯이, 빌의 마음 상태는 결코 스티브의 것과 일치하지 않는다.

이 단순한 사례는 서로 교차하는 듯이 보였던 길들이 차원을 추가하면 사실은 분리되어 있음이 드러날 수도 있다는 사실을 말해준다. 거꾸로 차원을 제거함으로써 — 즉, 투영함으로써, 그림자를 봄으로써 — 서로 떨어져 있는 길들이 교차하는 양 보이게 할 수도 있다. 그러나 '보이게'가 딱 맞는 말은 아니다. 투영된 부분공간에서 이 길들은 실제로 교차하기 때문이다.

왜 신경을 쓰냐고? 나는 이야기 공간에서 보았을 때, 비탄이 길에서의 불연속성, 도약, 단절을 통해 드러난다고 주장하련다. 따라서 우리가 올바른 방식으로 투영한다면, 단절된 길의 양쪽의 그림자는 서로 가까워진다. 즉, 이 그림자 세계에서 비탄은 약해진다.

이 방법이 먹힐 수 있을까? 이 기하학이 실제로 돌이킬 수 없는 상실의 강렬한 열기를 식히는 데 도움을 줄 수 있을까? 비탄과 불연속성의 관계에서부터 이야기를 시작하자. 고등학교 대수 시간에 불연속적인 경로와 연속적인 경로를 구분하는 법을 배운다. 하지만 지금 우리에게는 수학적 정의가 아니라 직관만 있으면 된다. 종이에서 연필을 떼지 않으면서 경로 그래프를 죽 그릴 수 있다면, 그 경로는 연속적이다. 연필을 떼어야 한다면, 곡선의 한쪽 부분에서 다른 쪽 부분으로 뛰어넘는 것이며, 그 곡선은 불연속성을 띤다.

우리가 이야기 공간에서 불연속적 길을 찾을 수 있는 이유는 무엇일까? 비탄은 돌이킬 수 없는 상실의 한 표현이다. 이야기 공간 기하학이 함축한 의미를 보여주고자, 나는 엄마의 죽음을 사례로 들고자 한다(다음 쪽 그림 참조). 나와 내 가족의 이야기 공간은 서로 만나지 않는 부분공간으로 나눠진다. **엄마가 있는 세계**와 **엄마가 없는 세계**다. 엄마가 돌아가셨을 때, 우리 가족 모두의 길은 **엄마가 있는 세계**라는 부분공간에서 **엄마가 없는 세계**라는 부분공간으로 도약했다. (당신이 선형대수학의 부분공간이라는 개념에 친숙하다면, 내가 여기서 좀 자유롭게 해석했음을 알아차릴 수도 있다. 부분공간이라는 말을 이렇게 사용하는 것을 비유적으로 받아들이기를. 아니면 그냥 부분공간 대신에 부분다양체라고 불러도 좋다.) 이제 이 작도에 관해 두 가지를 언급해야겠다.

· **엄마가 있는 세계**에서 **엄마가 없는 세계**로의 도약은 돌이

킬 수 없다. 삶의 어떤 궤도도 **엄마가 없는 세계**에서 **엄마가 있는 세계**로 도약하지 않는다.

· **모두의** 이야기 공간에는 어지러울 만치 많은 불연속성이 들어 있다. 하지만 크나큰 감정적 무게를 지닌 사건들과 연관된 불연속성만이 우리 각자의 궤도의 중요한 부분이 된다.

비탄이 불연속성의 유일한 원천일까? 모든 불가역성을 불연속성이라는 형태로 나타내야 할까? 영화 〈빙 데어Being There〉

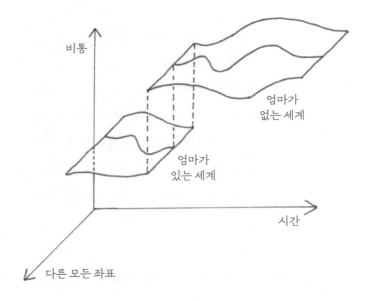

에서 피터 셀러스^{Peter Sellers}를 처음 보았을 때의 불가역성은 어떨까?[6] 마지막 장면의 놀라움은 두 번 다시 경험하지 못한다. 그 뒤로 다른 어떤 영화에서 피터 셀러스를 보든 간에 매번 정원사인 찬스가 물 위를 걸어가서 우산을 손잡이까지 물에 담글 때 음악이 점점 웅장하게 울려 퍼지면서 잭 워든^{Jack Warden}이 "삶은 마음의 상태야"라고 읊조리는 장면을 떠올리게 될 것이다. 적절한 축 — 예를 들어 '찬스는 정원사 신일까?' 축 — 을 따라간다면, 이는 불연속성을 수반할 수 있다. 그러나 이 축이 당신의 삶에, 당신의 생각에 중요할까? '엄마는 살아 있을까?' 축보다는 중요하지 않다는 것은 분명하다. 크나큰 감정적 무게를 지닌 축을 따라갈 때의 불연속성은 비탄의 필수 조건이다.

시간 축을 무시한다면? 시간이 아닌 다른 무언가를 나타내는 축을 따라 위치를 바꿀 때 불연속성을 찾을 수 있을까? 이는 흥미로운 질문이므로, 잠시 생각할 기회를 주기로 하자. 이야기 공간의 기하학은 탐사할 많은 기회를 제공한다.

이야기 공간에 매우 익숙해지면 비탄의 강렬함을 약화시키는 데 도움이 될 수 있다는 것을 단순한 사례를 들어 설명하면서 이 장을 마무리하기로 하자. 그 사례를 들기 전에, 내가 비탄의 고통을 줄일 일반 요법을 제시하려는 것이 아님을, 그럴 수도 없음을 강조해야겠다. 나는 사례를 보여줄 수는 있지만, 당신이 그렇게 할 수 있는지 또는 어떻게 할지는 자기 이야기 공간의 축들에 할당하는 무게의 세부 사항에 따라 절묘하게 달라진다.

내 부모님의 사망과 관련된 사례보다는 내 첫 고양이의 죽음을 중심으로 한 사례를 들어보기로 하자. 진이 스크러피 Scruffy라고 이름 붙인 쇠약한 작은 길냥이였다. 스케넥터디의 우리 옆집은 고양이들을 길렀고 길냥이들에게도 먹이를 주었기에, 우리 마당에도 고양이들이 자주 들락거렸다. 진은 고양이를 좋아했다. 나도 그랬지만, 나는 고양이 알레르기가 꽤 심했다. 그런데 언제부터인가 작은 검은 고양이 한 마리가 우리 집 마당에서 죽치고 앉아 있었다. 녀석은 아내가 올버니병원에서 퇴근해 돌아올 때까지 기다리다가, 아내가 오면 달려가서 발목에 몸을 비벼대곤 했다. 진은 스크러피를 무척 귀여워했다. 아내가 뒤뜰의 벤치에 앉으면 스크러피는 무릎에 뛰어올라서 웅크리고 잠을 자곤 했다. 그렇게 몇 주가 지난 뒤 진은 예방접종을 하러 스크러피를 동네 동물병원에 데려갔다. 나는 할 일이 있어서 집에 남았다. 30분 뒤 진이 울먹이면서 전화를 했다. 검사에서 스크러피가 고양이백혈병 양성으로 나왔다는 것이다. 백신이 있긴 하지만, 일단 백혈병에 걸리면 고양이는 치유가 불가능하고, 치명적이며, 감염성도 매우 높다. 스크러피는 안락사시킬 필요가 있었다. 나도 동물병원에 가서 작별 인사를 하고 싶었을까? 딱히 그렇지는 않았지만,

아내는 함께하기를 원할 것 같았다. 몇 분 안에 갈게.

병원은 우리 집에서 다섯 블록쯤 떨어져 있었다. 나는 걷기 시작했다. 그러다가 생각했다. 스크러피는 아주 멋진 고양이야. 너무나 귀엽고 성격도 좋아. 아래층에서 키워도 되잖아? 나는 위층에서 지내면 되었다. 흠, 괜찮은 생각 같았다. 그러다가 궁금해졌다. 어떻게 고양이를 안락사시키는 걸까? 수의사가 고양이에게 주사를 놓는 것일까? 수의사가 지금 당장 주사를 놓을 준비를 하는 것은 아닐까? 나는 달리기 시작했다. 내 평생 동안 달린 거리를 다 더해도 과연 1.5킬로미터가 넘을지 의심스럽다. 하지만 나는 달렸다. 병원에 들어가자마자 묻는다. 진은 어디 있나요? 1번 진료실이요. 나는 1번 진료실로 들어간다. 스크러피는 진의 두 팔에 안겨 있고, 의사는 주사를 준비하고 있다. (주사기 두 개가 쓰인다.) 나는 충분히 들리고도 남을 만큼 크게 소리친다. 멈춰요! 멈춰! 스크러피를 아래층에서 키우면 돼. 당신 알레르기는? 진이 묻는다. 내 알레르기는 신경 쓰지 마! 나는 다시 소리친다. 내 알레르기 때문에 고양이를 죽여서는 안 돼. 정말 다정하시네요. 수의사가 말했다. 하지만 스크러피는 6개월밖에 못 살 수도 있어요. 상관없어요. 남은 생애는 보살핌을 받으면서 지낼 거예요.

그렇게 스크러피는 우리 집 아래층으로 이사했고, 나는 6개월 동안 위층에서 지냈다. 손을 자주 씻고, 항히스타민제도 자주 복용했다. 6개월 뒤 우리는 스크러피가 낮에는 집 안을 뛰어다니게 놔두고 밤에는 아래층에서 지내게 했다. 나는 손을 더 자주 씻고, 항히스타민제를 더 많이 먹었다. 스크러피를 데려온 지 1년 뒤에는 스크러피가 온종일 집 안을 돌아다닐 수 있게 놔두었다. 첫날 밤에 스크러피는 아래층에 머물러 있지 않고, 침대에 뛰어올라 이불 속으로 기어들어가서 진의 어깨 위에 웅크렸다. 그 뒤로 거의 6년 동안 매일 밤 그렇게 했다. 사랑은 병을 막을 수는 없지만, 병의 진행을 상당히 늦출 수 있다.

우리는 스크러피의 죽음이 가까워졌다는 것을 며칠 전부터 알았다. 고양이백혈병은 진정한 백혈병으로 진행된 상태였다. 진과 나 모두 질병으로 가족을 잃은 경험이 있었기에, 우리는 남은 기간이 얼마 없다는 사실을 알았을 때 수반되는 전반적인 감정 역학에 익숙했다. 그러나 경험은 예견의 고통을 무디게 만들지 못했다. 거의 20년 전인 당시에도 불가역성은 내게 충격을 가했다. 스크러피는 죽을 것이고, 죽지 않는 일은 결코 없을 것이고, 내가 할 수 있는 일은 아무것도 없었다.

우리는 스크러피를 동물병원에 데려갔다. 의사는 먼저 진정제를 주사했고, 우리가 마음의 준비를 할 때까지 우리만 있게 해주었다. 스크러피는 진찰대 위에 앉아 있었다. 우리는 스크러피를 쓰다듬고 말을 걸었다. 스크러피는 가르랑거리면서 우리를 바라보았다. 그러다가 앞발이 앞으로 죽 미끄러졌다. 우리는 의사에게 들어와달라고 했다. 의사가 두 번째 주사를 놓자 스크러피는 저세상으로 떠났다. 세상이 컴컴하고 축축하게 변했다.

그 뒤로 우리는 다른 길냥이들을 집에 데려왔다. 그리고 지금까지 크럼블스, 딩키, 체시, 더스티, 바퍼, 레오, 퍼지를 잃었다. 각각 다니던 동네 동물병원이나 더 큰 병원에서 또는 암으로 생을 마감했고, 그때마다 우리 가슴은 미어졌다.

내가 아는 한 세상에서 '바퍼는 살아 있다'에서 '바퍼는 죽었다'로의 돌이킬 수 없는 변화에 대한 즉각적인 반응을 줄이거나 다른 쪽으로 돌릴 수 있는 것은 전혀 없다. 한순간 우리는 자유낙하를 한다. 바닥은 우리 발을 지탱하지 않을 것이고 우리는 주저앉는다. 우리는 견딜 수 없는 비탄의 첫 순간에 충격을 받는다. 그러나 스크러피를 시작으로, 그런 첫 순간 이후에 남은 비탄을 줄일 방법을 찾아냈다.

그런데 우리는 사실상 비탄을 없애고 싶어 하지 않는다. 비탄의 경험이 공감의 경험과 내밀하면서 복잡한 방식으로 얽혀 있기 때문이다. 이 글을 쓰는 지금 2020년 봄에 미국 정부의 지도자들이 엉뚱한 방향으로 코로나19 팬데믹에 '대처하'면서 잇달아 실수를 저지르는 모습을 지켜보고 있자니, 그런 실수들 중 상당수, 아니 아마도 거의 다가 두 가지 문제에서 비롯된다는 것을 알 수 있다. 과학을 이해하지 못하고 과학자의 말에 귀를 기울이려 하지 않는다는 것과 이 바이러스와 그 영향으로 삶이 엉망이 되거나 끝장난 보통 사람들에게 공감하지 못해서다. 공감 부족은 세계의 문제들에 우리가 효과적으로 대처하지 못하는 주된 근원 중 하나다. 레슬리 제이미슨Leslie Jamison의 경이로운 책《공감 연습The Empathy Exams》은 공감의 여러 측면들을 살펴본다.[7] 따라서 우리의 목표는 비탄의 고통과 비참함을 줄이는 것이어야지, 비탄을 없애는 것이 아니다.

여기에는 이야기 공간에서 시각화하는 과정이 얼마간 도움이 될 수 있다. 투영된 그림자를 보는 것에서 시작해보자. 환한 햇빛이나 전등불 아래에서 손을 수평으로 뻗고 손가락들을 쫙 펼치자. 바닥에 드리워진 그림자의 손가락 사이가 최대한 넓게 벌어지도록 하자. 이제 손을 돌리면서 손가락들의 그림자가 가까워지는 것을 보자. 손가락 그림자들의 사이를 좁히면서 완전히 겹치지는 않도록 하자. (구글에서 '괴델, 에스허르, 바흐'로 이미지 검색을 하면 더 놀라운 사례가 나온다. 나뭇조각상 2개가 위아래로 떠 있고, 세 방향에서 비치는 조명에 그림자가 드리워져 있다. 한쪽 수직면에는 G 아래 E, 다른 쪽 수직면에는 E 아래 G가 비치고, 수평면에는 B가 비친다.)

이제 우리 모형으로 돌아와서, 다음의 네 그림을 보자. (a)

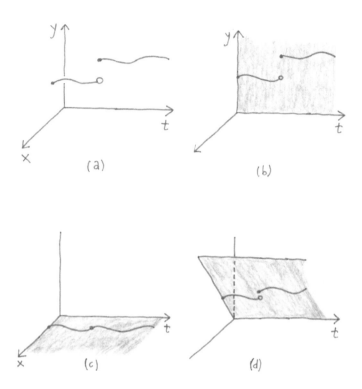

는 x축과 y축이 이야기 공간에서 중요한 양들을 나타내고 t축
이 시간을 나타내는 삼차원에서의 궤도를 보여준다. 불연속
지점에서 궤도의 y값은 도약하는 반면 x값은 일정하다는 점
에 주의하자.

　(b)는 궤도를 음영으로 표시한 yt 평면에, 즉 x = 0으로 정
의된 평면에 투영한 그림자를 보여준다. (a)에서 묘사된 도약

은 y방향에서만 나타나므로, (b)의 투영도에서도 (a)에서와 동일한 규모의 도약이 나타난다.

(c)는 xt 평면, 즉 y = 0으로 정의되는 평면에 궤도를 투영한 것이다. 도약 지점에서 x는 일정하므로, 이 투영도에서는 도약이 전혀 보이지 않는다. 따라서 우리는 이를 **사소한 투영**이라고 부르기로 하자. 도약은 단지 y값만 바뀐 것인데, 이 투영은 그 변수를 무시한다. 따라서 이 투영은 유용해보이지 않는다.

(d)는 궤도를 y = x 평면에 투영한 것이다. 여기서는 도약의 크기가 더 작아 보인다. 사실 평면의 기울기(y = mx로 정의되는 평면의 m값)를 조정하면, 도약의 길이값이 달라질 수 있다. 기울기 m이 타당하려면, 일관성 있게 비교할 수 있는 방식으로 축들에 눈금을 할당할 수 있어야 한다. 도약의 크기가 고통의 크기와 상관관계가 있다면, 이 투영은 돌이킬 수 없는 상실에 반응할 때 우리의 고통을 줄이기 위해 소수의 요인들에 주의를 집중하는 방법을 알려줄 수 있다.

이제 사례를 하나 들어보자. 우리 고양이 스크러피를 잃은 비통함을 줄이기 위해, 나는 통증을 관리하는 데 썼던 접근법을 얼마 동안 시도했다. 통증을 외면하는 대신에 통증에 초점을 맞추고, 통증만 남을 때까지 다른 모든 것을 차단한다. 반드시 그렇지는 않지만, 그러다보면 때때로 통증은 알아차릴 수 없게 되고, 저 바깥에 놓인 나와 상관없는 문제가 되곤 한다.

통증은 알지 못하는 것이 되고, 통상적인 통증 감각은 나와 무관한 감각이 된다. 이 접근법이 비탄에도 먹힐까?

(이 통증 접근법은 내 어린 시절의 경험에서 나온 것이다. 지금까지 거둔 성공은 제한적이라고 인정하지만, 그래도 전혀 효과가 없지는 않았다. 어릴 때 동생 스티브와 나는 부친이 집의 다락을 바깥으로 넓혀 만든 침실을 함께 썼다. 어느 여름밤 우리는 선선한 바람이 불어오기를 바라면서 창문을 열어두었다. 그런데 어딘가에서 개가 짖기 시작했다. 동생은 무슨 소리냐고 물었다. 지금 생각하면, 동생은 누구네 집 개인지 물었던 것 같다. 하지만 그때 나는 그 말을 곧이곧대로 받아들여서 이렇게 답했다. "사냥개가 짖나봐." 동생은 따라 했다. "사냥개." 나도 따라했다. "사냐아앙개." 우리는 그렇게 10여 번쯤 그 단어를 서로 따라하면서 주고받았다. 그러다보니 우리는 '사냥개'라는 단어가 너무나 낯설게 느껴진다는 것을 알아차렸다. '사냥개'라는 단어를 구성하는 소리와 늑대의 먼 친척인 길든 동물 사이에는 더 이상 아무런 관계도 없게 되었다. 소리에만 집중하여 계속 반복하자 그 단어의 의미론적 내용이 일시적으로 삭제된 것이다. 누구나 이런 경험을 해본 적이 있을 것이다. 친숙한 사물을 가리키는 소리를 계속해서 낯설게 발음하면 친숙함이 사라진다.)

다른 모든 것을 배제하는 데 초점을 맞추는 방식은 단어와 소리를 갖고 곡예를 부리는 쪽으로는 먹히겠지만, 스크러피의 상실에 따른 고통을 둔하게 만들지는 못했다. 다른 접근법이 필요했다. 딴 데 정신을 팔게 하면 되지 않을까? 그런 생각 자체를 혐오하긴 했지만. 정신을 딴 데로 돌린다는 것은 우리 삶에서 스크러피의 중요성을 부정하는, 아니 적어도 과소평가하는 것처럼 보였다. 그래서 나는 스크러피가 생애에 보였던 사소한 행동들을 생각했다. 바닥에서 우리 어깨로 뛰어오르던 모습, 열린 창문 앞에 앉아서 모기장을 통해 새의 지저귐과 비슷한 소리를 내던 모습, 아래층의 책장 위로 기어올라서 쌓여 있는 낡은 《사이언티픽 아메리칸》 잡지 더미에 쉬를 하던 모습, 내가 소파에 기대어 기하학 문제를 풀고 있을 때 내 가슴에 웅크리고 자기 머리를 내 턱 밑으로 밀어넣는 모습. 수십 가지의 기억들이 떠올랐다. 이런 기억 하나하나는 《사이언티픽 아메리칸》에 쉬를 하는 모습까지도 돌이킬 수 없는 상실감을 증폭시켰다. 즉, 이 방식은 먹히지 않았다. 그러다가 문득 다른 고양이들을 떠올렸다. 주로 이웃인 빌과 웨이드가 기르는 고양이들이었다. 그들은 아주 별난 행동들을 하곤 했다. 로지는 쿠키 냄새를 아주 좋아해서 오븐에서 쿠키가 구워지는 동안 주방 한쪽 구석에서 인내심을 발휘하면서 앉아 있었다. 빌헬름과 프린세스 남매는 알루미늄 포일을 뭉친 공을 쫓아가 물어오곤 했다. 우리 발치에 떨어뜨린 뒤, 다시 던질 때까지 기다렸다. 고양이마다 행동이 달랐지만, 그들의 작은 특징들은 스크러피의 부재로 생긴 틈새 양쪽을 연결했다. 스크러피는 떠났다. 나는 기억 속에서만 그를 볼 수 있었고, 나이를 먹으면서 그 기억은 흐릿해지리라는 것을 알고 있었다. 그럼으로써 그를 잃고 또 잃게 될 것이다. 그러나 내가 스크러피에 대해 사랑했던 많은 것들을 다른 고양이들에 대해서도 그렇게 할 수 있고, 그렇게 하고 있다. 스크러피와 여러 해를 보내면서 나는 고양이를 점점 더 깊이 이해하고 잘못 이해한 사항을 바로잡았으며, 아마 그 과정에서 사람도 더 깊이 이해하게 되었을 것이다. 이런 생각 잇기는 그의 죽음이 내 가슴에 대못처럼 박아놓은 비탄을 제거하지는 못했지만, 그와 시간을 보내면서 내 생각이 어떻게 바뀌어왔는지 얼마간 보여준다. 문 하나가 닫히면, 다른 문이 열린다.

지금 나는 행운이나 본능을 통해(아마 행운 쪽이겠지만), 내가 스크러피의 상실에 따른 고통을 그의 작은 행동들과 다른 고양이들의 작은 행동들로 이루어진 공간에 투영한 것이라고 생각한다. 당시에 나는 그것이 어떻게 왜 도움이 되는지를 이해하지 못했지만, 아무튼 도움이 되었다. 지금은 나름의 이론을 갖고 있다.

이 투영 개념이 적용될 수 있으려면, 적어도 세 가지 측면이 해결되어야 한다.

• **비유일성**Non-uniqueness. 여러 부분공간에, 즉 많은 감정의

조합에 투영하면 비탄의 고통을 줄일 가능성이 높다. 책상에 수직으로 세운 연필의 그림자를 생각해보자. 광원이 연필의 축과 거의 일치한 곳에 있다면, 그림자는 짧을 것이다. 광원을 조금씩 빙빙 움직인다면, 짧은 그림자가 여러 방향으로 드리울 것이다. 투영할 수 있는 많은 부분공간 중에서 더 친숙한 것을 택해 시도해보자.

- **움직이는 표적**Moving target. 작년에 외부 세계의 자기 내부 모형이 얼마나 바뀌었을지를 생각해보라. 아니 오늘만 해도 얼마나 바뀌었을지를 생각해보라. 그전까지 중요하지 않았다가 지금 자신에게 중요해진 것이 무엇일까? 예전에는 중요하다고 여겼다가 지금은 전혀 그렇게 보지 않는 것은 무엇일까? 내가 아는 한, 우리는 미리 계획하고 투영을 할 수 없다. 투영은 실시간으로 일어나는 것이 틀림없다.

- **보정**Calibration. 고통을 일정 수준 줄이기 위해 자신의 비탄을 투영할 부분공간을 고를 때, 부분공간을 정의하는 범주들에 얼마나 주의를 기울여야 할지 어떻게 알 수 있을까? 이 질문에 접근하는 방법을 보여주는 사례를 하나 들면서 이 장을 끝내기로 하자. 이야기 공간에서는 이것이 자신이 투영할 평면(또는 그 고차원 유사체)의 기울기를 파악하는 문제다.

이 접근법이 주로 기하학적 또는 시각적으로 생각을 하지 않는 사람에게 유용할지 여부는 모르겠다. 그러나 다른 평면으로 투영한다는 생각은 비탄의 고통을 줄이려는 이 접근법을 이해하는 데 도움을 주어왔다. 처음 두 가지는 스스로 알아내야 한다. 다양한 요인이 서로 어떻게 관련되어 있는지를 시각화하면 도움이 된다. 머릿속에서 모양들을 이리저리 비틀고 돌리고 해보자. 처음에는 좀 어려울 수도 있지만, 기하학적 사유의 명료함과 더 나아가 자유만큼 효과가 있는 것은 없다고 본다.

내가 20년 동안 함께 일했고 유니언칼리지에서 예일대로 자리를 옮기라고 나를 부추긴 브누아 망델브로는 경이로울 만치 기하학적으로 생각하는 능력을 지녔다. 그는 자신이 프랑스에서 대학입학시험을 볼 때 유달리 어려운 삼중적분 문제가 나왔는데, 어떻게 풀었는지를 들려주었다. 시험 결과가 나오자, 브누아는 프랑스에서 원하는 어떤 학교에도 입학할 수 있는 자격을 얻었다. 그의 고등학교 수학 교사는 그 어려운 문제를 푼 학생이 전국에서 단 한 명뿐이며, 바로 자기 반에 있다고 알려주었다. 교사조차도 주어진 시간 안에 그 삼중적분을 풀 수 없었다. 브누아는 풀었을까? 그렇다. 그런데 어떻게? 브누아는 말했다. "머릿속에서 그 모양을 이리저리 옮기면서 좌표가 어떻게 변하는지를 살폈어. 삼중적분을 구의 부피를 구하는 문제로 환원시킨 거지. 구의 부피를 구하는 법은 알고 있었고."

브누아가 처음 이 이야기를 들려주었을 때, 위협받는 기분을 느꼈다. 브누아와 알리에트 부부는 한결같이 우리 부부에게 친절했는데도 말이다. 그러다가 결국 나는 기하학을 하기 위해서 굳이 브누아 수준으로 능력을 갖출 필요까지는 없다고 받아들였다. 저마다 지닌 능력이 다르다. 자신의 능력을 함양하면 된다.

다음 장에서는 세 번째 요점인 크기 조정을 토대로 한 보정을 살펴보기로 하자. 그에 앞서 직접보정의 단순한 사례를 하나 들어보자(다음 쪽 그림 참조). 이 단순한 보정에서는 **스크러피의 놀이**를 세로축으로 삼는다. 스크러피의 창의적인 놀이를 지켜보면서 내가 느끼는 즐거움을 나타낸다. **다른 고양이들의 놀이**라는 이름이 붙은 축은 다른 고양이들의 창의적인 놀이를 지켜볼 때 내가 얻는 즐거움을 나타낸다. **스크러피의 놀이**와 시간 t로 이루어지는 부분공간에서는 내 경로가 스크러피가 죽은 순간에 큰 불연속성이 나타난다. 스크러피가 죽은 뒤라도 즐거움이 0으로 떨어지지는 않는다. 기억이 얼마간 기쁨을 줄 수 있기 때문이다.

다른 고양이들의 놀이와 t라는 부분공간에서는 즐거움이 일정하게 유지된다. 스크러피의 놀이를 지켜볼 때만큼 강하지는 않지만, 스크러피의 놀이를 떠올리는 내 기억보다는 강하다. 음영으로 칠한 평면은 내가 때로는 다른 고양이들의 놀이를 생각하고 때로는 스크러피의 놀이를 생각하는 부분공간이다. 따라서 스크러피가 죽은 뒤 떨어진 눈금은 **스크러피의 놀이-t** 부분공간에서보다 작다.[8]

　꼼꼼한 보정은 어려울 것이다. 각 고양이 놀이를 지켜볼 때 얼마나 즐거운지를 비교할 방법이 필요할 것이다. 실제로 적용하려면, 이런 방향으로 무언가 조치를 해야 한다. 아주 단

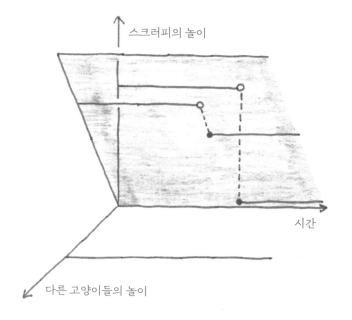

순한 대용물은 내가 기억하는 스크러피의 놀이 횟수와 내가 다른 고양이들의 놀이를 지켜본 횟수다. 여기서 다른 고양이들의 놀이를 지켜보는 것이 스크러피의 기억으로부터 신경을 딴 데로 분산시키는 것이 아니라 그의 삶을 상기시키는 것임을 강조해야겠다. 즉, 그의 행동을 다른 고양이들이 나름의 형태로 표현하는 것이다. 그러나 나는 스크러피를 잊고 싶지 않기에, 스크러피를 기억하는 시간과 다른 고양이들의 놀이를 지켜보는 시간의 비에 신경을 쓰며, 그 비가 너무 낮아지지 않도록 주의한다. 이 접근법을 염두에 두면, 보정은 자기 교정일 수 있다.

이런 개념들을 우리가 잃은 사람들과 맺었던 더 복잡한 관계에 적용하려면, 훨씬 더 정교한 접근법이 필요할 것이다. 이것은 그저 보정이 어떻게 작동할 수 있는지를 보여주는 단순한 사례일 뿐이다.

내가 기하학을 이용한 것은 친숙해서다. 60년 넘게 내 머릿속에서 밟고 다닌 길이어서다. 그래서 모양들의 춤을 지각들의 유용한 조합을 찾아내도록 안내하는 내 접근법의 토대로 삼았다. 다른 경로들도 당신을 같은 목적지로 이끌 수 있다. 당신의 세계 심상이 더 청각적이거나 촉각적일 수도 있다. 당신의 하루가 노래들로 이어지는지? 그렇다면 음악이 이런 투영에 상응하는 것을 찾을 방법을 알려줄 수 있다.

또는 소설이나 영화, 체스, 요리, 춤, 고양이들과 아주 많은 시간을 보내는 것도 한 방법이 될 수 있다. 자신에게 중요한 모든 것은 비탄을 약화시킬 투영으로 인도할 수 있을 것이다. 그러나 이 방법은 자신이 탐사할 길에 진정으로 열정을 지닐 때에만 효과가 있을 것이라고 본다. 당신은 내가 상상도 못한 길을, 비탄의 폭력을 줄일 수 있는 지각 조합을 발견할 길을 찾아낼지도 모른다.

5

프랙털

Fractal

하루는 인생의 실험실이다

———

우리는 어떤 모양들, 특히 시에르핀스키 개스킷의 자기 유사성을 살펴보았다. 180쪽의 맨 위 그림에서 볼 수 있는 개스킷의 직각이등변삼각형 판본은 세 조각으로 이루어져 있다. 아래 왼쪽, 아래 오른쪽, 위 왼쪽 개스킷이며, 각 개스킷은 전체 개스킷을 2분의 1 크기로 줄인 것과 같다. 이는 영구히 지속될 수 있는 과정을 작동시킨다. 각각의 조각은 더 작은 세 조각으로 이루어지고, 후자도 더욱 작은 세 조각으로 이루어지는 식이 끝없이 이어진다. 미술가들은 적어도 1000년 전부터 이런 유형의 대칭, 확대 대칭을 드러내는 모양들을 알고 있었고, 이를 활용한 미술 작품을 내놓았다.

자연스러운 프랙털은 **데칼코마니**라는 과정을 써서 만들 수 있다(180쪽 아래 왼쪽 사진). 한쪽 표면에 물감을 칠한 뒤,

다른 표면을 덧대고 누른다. 두 표면을 천천히 떼어내면 그 틈 새로 공기가 들어가면서 복잡하게 갈라져나가는 무늬가 생겨난다. 이 기법은 적어도 수백 년 전부터 알려져 있었지만, 20세기 초에 막스 에른스트Max Ernst, 오스카르 도밍게스Óscar Domínguez, 보리스 마고Boris Margo, 한스 벨머Hans Bellmer 같은 이들의 작품으로 가장 활기를 띠었다. 복잡한 가지치기는 그들의 그림에 초현실적이면서 몽환적인 특성을 부여했다.

자연스러운 프랙털은 물질세계에 아주 많다. 구름, 산맥, 해안선, 하계망은 모두 자연적인 크기를 전혀 지니고 있지 않다. 즉, 다른 단서가 없다면, 자신이 보고 있는 것이 가까이에 있는 작은 구름인지, 멀리 있는 큰 구름인지를 구별할 수 없다. 많은 단계에서 비슷한 구조가 나타난다. 180쪽의 아래 왼쪽 사진은 크기를 알려줄 단서를 전혀 지니고 있지 않다. 두 번째 사진에서는 악어클립이 장치의 크기를 알려준다. 황산아연 용액에 약한 전류를 흘림으로써 프랙털 가지돌기를 성장시키는 모습이다.

프랙털은 문학에서도 볼 수 있다. 주제 사라마구는 소설 《이름 없는 자들의 도시All the Names》에서 묘지의 기하학을 이렇게 표현한다.

살면서 실제로는 그 현상을 알아차리지 못했지만, 프랙털기하

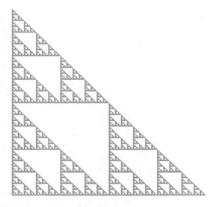

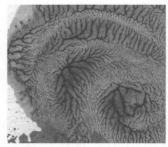

학 같은 신비로운 것에 깊이 빠지게 된 순간이 있었다. 내 무지를 용서하기를. 나는 프랙털기하학이 무엇인지 전혀 몰랐다.[1]

사라마구는 묘비들이 가지를 뻗은 나무처럼 배치되어 있다고 묘사한다. 가장 오래된 무덤들은 줄기, 가장 새로운 무덤들은 가지 끝에 해당한다. 이 묘지의 프랙털기하학은 1999년

스페인 수학자 후안 마누엘 가르시아-루이스Juan Manuel Garcia-Ruiz가 사라마구에게 알려준 것이다. 그러니 프랙털기하학은 아주 방대한 분야인 셈이다.[2]

이런 사례들을 언급한 것은 프랙털을 더 폭넓은 관점에서 보도록 하기 위함이므로, 살면서 (당연히 혼란스러운) 물리적인 프랙털을 보고서 이렇게 말하는 일이 없기를 바란다. "잠깐, 개스킷처럼 보이지 않는데?" 우리가 보는 것은 공간적으로나 시간적으로, 또는 더 추상적인 환경에서 거의 모든 규모에 걸쳐 되풀이되는 패턴이다.

다음은 시간 규모에서 비슷한 구조를 보여주는 사례들이다.

- 하루를 생각해보자. 새벽에 깨어나 오늘 무엇을 할지 생각해보자. 아침쯤에는 하루에 할 일을 꽤 많이 했을 것이다. 저녁쯤에는 그날 할 일들을 끝내고 검토한다. 그런 뒤 하루를 마감하고 잠을 청한다.

- 1년을 생각해보자. 겨울밤에 그해에 무슨 일을 할지 생각해보자. 봄쯤이면 한 해에 할 일을 꽤 많이 했을 것이다. 가을쯤이면 할 일을 많이 끝냈을 것이고, 한 일들을 검토한다. 이어서 겨울이 오면 한 해를 마감하고 쉰다.

- 인생을 생각해보자. 유년기와 청소년기에 자신이 할 일을 위한 도구를 개발한다. 성년기에는 평생에 할 일을 꽤

많이 한 상태다. 노년기에는 은퇴하여 평생에 한 일을 돌아본다. 그런 뒤 삶이 끝나고 영원한 잠에 빠진다.

이 엉성한 개요는 분명히 삶의 풍성하면서 다채롭고 세세한 부분들을 포착하지 못하지만, 다양한 시간 규모에 걸쳐 반복되는 패턴을 어렴풋이 보여준다. 우리는 패턴을 찾으려는 본능적인 성향을 지니지만, 그런 차원을 떠나서 굳이 패턴에 관심을 가져야 할 이유가 있을까? 이유는 하루가 1년, 더 나아가 인생의 실험실을 제공하기 때문이다. 우리는 더 긴 시간 규모에서 궤도에 영향을 미치기 위해, 하루 동안 유사한 변화들을 일으키면서 실험을 한다. 유사한 변화들을 어떻게 찾아낼까? 단기적인 규모에서 이루어지는 실험의 묘미는 많은 변화를 일으키려 시도하면서 단기 효과를 살펴볼 수 있다는 것이다. 프랙털성fractality은 큰 규모에서 상황에 영향을 미칠 수 있는 가설을 소규모로 검사할 무대를 제공한다.

나는 비탄이 시간과 고통 양쪽에서 다양한 규모로 일어난다고 주장하려다. 소규모로 비탄에 대처하는 법을 이해한다면, 대규모로 비탄에 대처하는 데 도움을 줄 수 있을까?

사실 우리는 이미 비탄에 관한 실험실을 다룬 바 있다. 3장에서 다룬 기하학 연구다. (또는 기하학을 자신이 가장 호기심을 갖고 있는 주제로 대체해도 좋다.) 자신에게 새로운 기하학 분야를 골라도 된다. 3장에서는 프랙털기하학을 썼다. 이 학문의 세세한 부분들이 많은 이에게는 낯설기 때문이다. 거의 모든 이에게 놀라움을 안겨줄 가능성을 지닌, 가장 시각적인 기하학이다. (사실상 모든 사람이 해당할 수 있다. 누군가가 브누아에게 프랙털에 관한 새로운 계산이나 실험이나 관찰 사례를 보여주면, 그는 눈에 띄게 기뻐했다. 평소 내성적이었던 이 명석한 인물은 전성기 때 밤하늘을 올려다보다가 조금 전 컴컴했던 곳에서 한 줄기 밝은 빛을 내며 별똥별이 떨어지는 광경을 볼 때면 어린이로 변신하곤 했다.) 프랙털기하학을 계속 살펴보면서 많은 이를 놀라게 하는 이 연구 결과를 논의하기로 하자. 정수가 필요 없는 차원이다.

선분, 개스킷, 속이 채워진 정사각형을 생각해보자(다음 쪽의 그림). 각 모양의 높이와 폭을 두 배로 늘린다면, 원래 모양을 두 개, 세 개, 네 개를 합친 모양이 나온다. 선분은 일차원이고 정사각형은 이차원이며, 이런 모양들의 높이와 폭을 두 배로 늘리면 사본의 수가 선분은 $2 = 2^1$개, 채워진 정사각형은 $4 = 2^2$개가 생긴다. 이 사례들에서, 그리고 모두 자기 유사적 도형들에서는 차원이 지수값에 해당한다. 따라서 개스킷의 차원 d는 $3 = 2^d$이다. $2 = 2^1$이고 $4 = 2^2$이므로, 개스킷의 차원은 1보다 크고 2보다 작다. 즉, 개스킷은 커질수록 일차원인 직선보다 더 빨리, 이차원인 정사각형보다 더 느리게 증가한다.[3]

개스킷은 일차원과 이차원의 사이에 놓인 세계다. 이를 이

해하려고 애쓰던 초창기에 몇몇 학생은 일차원과 이차원 사이에 놓일 아주 좁은 평면 띠를 상상했다. 그들은 이 띠가 평면 전체를 차지하지 않으므로, 이차원에 못 미친다고 상상했다. 그리고 선보다 더 굵으므로, 일차원을 넘어선다고 상상했다. 두 번째 진술은 거의 옳다고 할 수 있다. 차원의 '단조성 monotonicity'이라고 부르는 것 때문이다. 부분의 차원은 전체의 차원을 초과할 수 없다는 것이다. 그에 비해 첫 번째 진술은 문제가 더 많다. 면적을 지닌 모양―모든 모양―은 이차원이다. 평면의 좁은 띠는 이차원이다. 그러나 개스킷은 무한히 많은 구멍이 있으며, 그 구멍들의 면적을 다 더한 것이 커다란 삼각형의 면적이므로 개스킷의 면적은 0이다.[4]

프랙털 차원은 물리적 대상의 울퉁불퉁함의 1차 반복 측정 등 여러 방면에서 응용되고 있다. 차원 개념을 심리 공간이나 지각 공간으로 확장하는 일은 까다롭지만, 마지막으로 한 가지만 더 이야기해보자. 추측이나 소망에 더 가까운 것이다. 비탄의 자기 유사성은 작은 상실을 활용하여 더 큰 상실을 순응시키는 법을 배울 수 있음을 시사한다. 아무리 엉성하든 간에, 투영의 차원을 측정하여 그것을 더 큰 상실과 더 작은 상실 사이의 연결 강도의 지침으로 삼을 수 있을까? 현재로서는 알지 못한다. 하지만 언젠가는 그럴 수 있을 것이다.

연습 문제를 하나 풀어보자. 공간의 차원이 정수가 아닌 세상에서 산다면, 우리 주변은 어떻게 보일까?[5] 시간의 차원이 정수가 아니라면 어떨까?

답보다 질문이 더 많겠지만, 그 질문들도 사실은 질문이 아니라 그저 꿈일 뿐이다.

이 개념을 처음 접하고서 그 의미를 이해할 때, 독자의 세계관은 회전한다. 학생들이 그 점을 이해하는 순간을 지켜보고 있자면, 교실 전체를 경악의 물결이 휩쓰는 양 보인다. 현기증의 물결에 휩쓸린 양 보이는 학생들도 있다.

가르친다는 것이 그토록 놀라운 경험인 이유도, 내가 병원에 입원해 있을 때 교실을 그리워한 유일한 이유도 바로 그것이다. 가르치는 일을 그만둔 지 5년이 지난 지금도 여전히 가르치는 꿈을 꾼다. 퇴직했을 때 나는 깨어나면서 정말 지독한 실수를 저질렀다고 생각했다.

나무껍질의 울퉁불퉁함, 구름의 보풀림, 나뭇가지나 고사리 엽상체의 빽빽함 같은 시각적 이미지들의 복잡성은 이제 새로운 수 감각을 제공한다. 그런 복잡성을 처음 알아차릴 때, 당신은 이렇게 생각한다. '세계의 복잡성을 이런 식으로 이해할 수 있다는 사실을 난생처음 알았어.' 그리고 이제 당신은 그 것을 측정할 새로운 방법을 터득했다. 그러나 이 경이감은 시간이 흐를수록 약해지고, 첫 계시의 충격은 다시 접하지 못하며, 이런 식으로 처음 깨달음을 얻을 때의 경외감을 돌이킬 수 없이 상실한다는 점에 비탄에 젖을 수 있다.

이 느낌의 메아리를 복원할 수 있을까? 아마도. 우리는 정수가 아닌 차원을 찾았을 때의 놀라움을 다른 많은 상황에 투영할 수 있다. 프랙털의 모든 조각이 동일한 크기일 때의 단순한 공식을 척도인자가 저마다 다른 자기 유사적 모양들, 몇몇 변형 조합만이 허용되는 프랙털(1장에서 살펴본 사례), 척도인자가 무작위로 선택되는 프랙털, 크기 변환이 비선형인 프랙털 등으로 일반화하자. 프랙털 차원(부록에서 다룬다)의 단순한 공식은 점점 더 복잡한 상황까지 일반화할 수 있으며, 이 모든 판본은 원래 공식의 지문을 지닌다. 이 확장 사례들 하나하나는 작은 놀라움이며, 비정수 차원이 준 원래의 충격과 비슷한 씰룩거림을 선사한다.

그리고 이렇게 비슷한 공식들의 집합을 모을 때, 이 모두가 더 큰 그림의 그림자임을 본다. 비정수 차원의 첫 충격을 상실함에 따른 비탄을 다른 공간으로 투영함으로써, 원래의 놀라움의 작은 메아리를 발견함으로써 그 비탄을 어느 정도 덜 수 있다. 그런데 이 사례에서 어떤 일이 벌어졌는지를 한번

보라. 이 모든 투영은 더 심오한 기본 패턴을 보여주었다. 이 반전을 다른 비탄과의 만남에, 사람이나 동물의 상실에 따른 비탄에 적용할 수 있을까?

내가 아는 한, 모든 유형의 비탄은 비슷하다. 크나큰 정서적 무게를 지닌 누군가나 무언가의 돌이킬 수 없는 상실에다가 약간의 초월성이 결합된 것이 특징이다. 물론 규모는 아주 제각각이다. 비정수 차원을 알게 됨으로써 생기는 인지적 재배치의 상실에 따른 비탄은 반려동물을 잃는 비탄보다 덜하고, 후자는 부모님을 잃는 비탄보다 덜하다. 비탄에는 정도의 차이는 있지만, 종류의 차이는 없다. 아니, 내게는 그렇게 보인다.

그리고 이는 또 다른 요점으로 이어진다. 각 비탄은 많은 부분집합, 사실 많은 부분비탄으로 이루어진다. 누군가를 잃을 때, 그 사람이 하는 일들의 새로운 사례가 생길 가능성도 잃는다. 각 행동은 많은 조각, 부분행동으로 이루어지고, 우리는 그런 부분행동들의 새로운 사례들이 생길 가능성도 잃는다. 그런 식으로 계속 이어진다. 모든 부분비탄이 비슷하다면, 비탄은 자기 유사성을 띤다. 이런 자기 유사성의 인식은 비탄을 약화시킬 유용한 투영을 찾아내는 데 도움을 줄 수도 있다. 이 말은 너무 추상적이다. 더욱더 불규칙한 프랙털 집합의 차원들을 계산하기보다는 더 피부에 와닿는 사례를 통해 주된 개념을 설명해보자.

더 보편적인 비탄인 부모님의 상실로 돌아가보자. 이번에는 내 아버지다. 어머니의 죽음은 예상하지 못한 일이었다. 뇌졸중이 일어나는 바람에 세상을 떠났다. 아버지는 어머니가 세상을 떠난 뒤로 7년을 더 살았다. 아버지는 여러 가지 질병을 안고 사셨다. 당뇨병, 심장동맥 우회 수술, 폐기종, 석면폐증 등. 마지막 두 가지는 제2차 세계대전 초기에 뉴포트뉴스조선소에서 일할 때 얻었다. 거기에서 처음으로 맡은 일 중 하나가 선박 병기고 벽 사이에 석면을 분사하여 채우는 것이었다. 아버지는 이윽고 한 전기 기사의 조수가 되었고, 항공모함 요크타운호에 착륙 유도등을 설치하는 일을 했다. 그러나 마스크도 없이 온몸이 눈사람처럼 되도록 석면 단열재를 채우던 일은 마침내 여파를 미쳤다. 50년 동안 담배를 피운 것도 영향을 미쳤다.

어머니가 세상을 떠난 뒤로도 아버지는 자택에서 계속 살았다. 처음에 집을 지을 때도, 개보수를 할 때도 직접 많은 품을 들였던 집이었다. 아버지는 요리를 하고, 세탁을 하고, 청소를 하는 법도 좀 배웠다. 인공호흡기를 써야 했기에 되도록 집 주변을 벗어나지 않았다. 아버지가 운동 좀 해야겠다고 말해서, 여동생이 인근의 노인운동반에 등록했다. 아버지는 동네를 돌아다닐 때 외에는 운전을 포기했다. 세인트앨번스는 작은 곳이기에, 멀리 돌아다니지 않았다. 하지만 인지능력이 떨어지고 있었다. 정신 혼란에 빠졌고, 나를 비롯하여 지인들을 알아보지 못할 때도 있었다. 그러다가 홀로 산다는 사실에 불안을 느끼게 되었고, 장전된 권총을 베개 밑에 넣고 자기 시작했다. 어느 날 밤 아버지는 집 뒤쪽 덱deck에서 들리는 소리에 잠이 깼다. 일어나자 베개 밑에서 총을 꺼내 들고서 뒷문으로 향했다. 아버지는 덱 전등을 켜고 나무 문을 열었는데, 유리 덧문 너머에 벌거벗은 남자가 총을 들고 서 있는 모습을 보았다. 아버지가 총을 겨냥하자, 덱에 서 있는 남자도 총을 겨냥했다. 그때 아버지는 총을 쏘려고 한 상대가 유리에 비친 자신임을 알아차렸다. (아버지가 유리에 비친 사람이 자신임을 알아차리고 총을 내렸다고 말할 때까지 나는 아버지가 벌거벗고 잔다는 사실을 몰랐다.) 그 직후에 아버지는 요양시설로 가겠다고 했다. 여동생이 좋은 곳을 찾아냈다. 아버지는 집을 팔고서 린다가 찾은 곳으로 옮겼다.

아버지는 18개월을 더 살았다. 다른 가족들은 방문할 때면 아버지를 모시고 외출을 하고, 옛 친구들과 만나게도 했다. 나는 차를 몰 줄 몰랐기에, 그냥 흔들의자에 앉아 있는 아버지 옆 소파에 앉아 있곤 했다. 아버지는 대개 DVD 플레이어로 서부영화를 보고 있었다. 나는 이따금 몰래 지미 스튜어트나 앨프레드 히치콕의 옛 영화를 틀기도 했다. 잠시 이야기를 나눌 때면, 곧 아버지는 낮잠에 빠지곤 했다. 내가 아는 한, 아버지는 몇 편의 영화를 계속 보고 또 보았다. 누군가가 왜 그러냐고 물으면, 볼 때마다 새로운 장면을 본다고 답했다. 아마 매번 다른 장면에서 깨었기 때문일 것이다. 나는 아버지에게 대공황 때 웨스트버지니아주 로즈데일에서 보낸 어린 시절이나, 제2차 세계대전 때 태평양에서 해군으로 복무할 때 일이나, 전후 생활과 어머니에게 청혼한 이야기를 들려달라고 했다. 아버지는 약 스무 가지의 좋아하는 이야기가 있었기에, 방문할 때면 나는 대개 아버지가 가장 좋아하는 이야기를 다시 듣곤 했다. 새로운 이야기도 어쩌다가 듣지만, 대개는 아니었다.

그러다가 2016년 초 아버지의 상태가 급격히 악화되었다. 몇 주 동안 병원에 있다가 이어서 호스피스 병원으로 옮겨졌다가 세상을 떠났다. 마지막 며칠 동안은 주변에 있는 사람들과 동일한 현실을 보고 있는 것 같지 않았다. 어느 날 밤 아버지는 린다에게 아내(세상을 떠난 지 이미 7년이 된 내 어머니)와 이야기를 나누었고 자식들이 아주 잘 돌봐준다고 자랑했다고 말했다. 아버지는 어머니가 이렇게 답했다고 했다. "그래? 아니라고 생각한 거야?" 며칠 뒤 아침에 아버지는 세상을 떠났다.

아버지는 해군에서 복무했기에 군장을 치를 자격이 있었다. 나는 군장에 가본 적이 있었기에, 어떤 예식이 있을지 예상했다. 어머니가 세상을 떠난 뒤로 린다가 많은 시간 아버지를 돌보았고 지난 몇 년 동안은 더욱 그랬기에, 스티브와 나는 해군 목사에게 국기를 린다에게 건네달라고 부탁했다. 군목이 〈해병의 기도Sailor's Prayer〉를 낭독하고 해병들이 아버지의 관을 덮었던 깃발을 정확하고 정중하게 접었을 때 나는 흡족했다. 그리고 해병 한 명이 린다의 앞에 무릎을 꿇고서 깃발을 건넬 때 흡족했다. 린다는 예상하지 못했던 터라 울음을 터뜨렸다. 나는 지난 며칠 동안 흘릴 눈물을 다 흘렸다고 생각했지만, 군목이 "귀를 막고 싶어질 수도 있습니다. 큰 소리가 날 거예요"라고 말했을 때, 내가 잘못 생각했다는 것을 알았다. 퇴역한 해군 7명이 차례로 예포를 쏜 뒤, 나팔수가 가장 구슬픈 곡을 연주했다. 나는 목이 메었고, 두 눈에서 뜨거운 눈물이 나이아가라폭포처럼 쏟아졌다. 훌쩍거린 것이 아니라 꺽꺽 울어댄 듯하다.

　몸을 좀 추스른 뒤, 군목에게 감사를 표했다. 그녀는 예포를 쏠 사람 일곱 명을 구하기가 어려울 때가 종종 있는데, 아버지가 제2차 세계대전에 참전한 군인이었기에 자원자가 많았다고 말했다. "군 복무를 하지 않은 사람은 제2차 세계대전에 참전한 사람에게 경의를 표한다는 것이 얼마나 큰 영예인지 이해하지 못해요. 부친은 영웅이셨습니다." 나는 아버지가 내게도, 린다와 스티브에게도 영웅이었다는 것을 알았지만, 다른 이들도 그렇게 여긴다는 생각은 한 번도 해본 적이 없었다. 내 눈에서는 여전히 눈물이 흘러나오고 있었다. 그런 일이 어떻게 가능할까? 내가 울지 않을 때 이 많은 물은 대체 어디에 있었던 것일까?

코네티컷으로 돌아오는 길에 아내와 나는 아버지와 함께 했던 일들에 관해 많은 대화를 나누었다. 아버지가 집에 쏟았던 온갖 정성, 우리 부부가 혼인한 직후에 아버지와 어머니가 미시건주 어퍼페닌슐라에서 자란 진에게 웨스트버지니아를 '구경시키겠다'면서 우리를 데리고 여행한 일, 어머니가 세상을 떠난 뒤 위에서는 별이 뜨고 아래에서는 반딧불이가 반짝거리는 가운데 꿈, 후회, 과거와 미래의 덧없음 등 흘러가는 대로 이런저런 대화를 나눈 일 같은 것들이었다. 이런 기억들은 도움이 된다. 나는 아버지와 함께 집의 분전함을 교체한 일, 아버지와 어머니와 아내와 함께 그린뱅크의 전파망원경 너머까지 자전거를 탄 일, 어느 여름날 저녁에 처음으로 찾아온 싸늘한 기온을 즐기면서 나이 든 아버지가 갑작스럽게 내가 여태껏 들었던 것보다 세 단계나 더 깊은 개념을 간파하고 토론할 수 있는지를 궁금해한 일도 떠올랐다. 지난 65년 동안 나는 아버지를 오해하고 있었던 걸까?

이런 기억들은 얼마 동안은 도움이 되었지만, 너무나 빨리 사라졌다. 게다가 비통한 심경으로 아버지의 장례식을 치른 뒤, 비탄의 고통은 조금 줄어들었다. 왜 그럴까? 어머니를 사랑한 것보다 아버지를 덜 사랑한 것은 결코 아니었고, 어머니를 잃은 상실감은 여러 해에 걸쳐 지속되고 있었다. 나는 아버지와 어느 정도 함께했다는 점이 차이를 낳은 것이라고 본다. 어머니와 달리 아버지는 한순간에 떠난 것이 아니었다. 아버지는 세상을 떠나기까지 여러 해에 걸쳐서 조금씩 사라지고 있었다.

먼저 호흡기 질환 때문에 결국 아버지는 작업장 문을 닫아야 했다. 좀 시간이 흐르자 다시는 그 문을 열 수 없으리라는 것을 알았다. 나도 알았고, 상황의 돌이킬 수 없음에 마음이 아팠다. 아버지와 나는 그 작업장에서 수백 건의 과제를 함께 짜고 수행했다. 대학에 들어갈 때까지 아버지의 작업장 한 구석은 내 실험실이었다. 아버지가 다시는 일하지 못하리라는 것을 알았을 때, 나는 우리가 했던 사소한 것들을 생각했다. 이웃집의 잔디깎기를 수리하고, 액자와 캐비닛을 제작하고, 동네 아이들에게 조각 그림 퍼즐과 나무 장난감 자동차를 만들어주는 것 등이었다. 나는 감정이 아니라 그 행동들에 초점을 맞추었고, 다른 이들이 비슷한 방식으로 이웃들을 돕는 상상을 했다. 나는 아버지가 때때로 내 도움을 받아서 한 일이 큰 그림의 일부라고 보았다. 비록 아버지는 다시 하지는 않겠지만, 아버지에게 속한 **이웃을 돕는 이웃**이라는 개념, 운동은 계속될 것이다. 나는 이웃을 돕는 이웃이라는 공간에 투영함으로써 아버지의 작업장 문이 닫힘에 따른 비탄을 줄였다.

비슷하지만 더 강한 고통은 아버지의 집이 팔렸을 때 일어났다. 린다, 스티브, 나는 그 집에서 자랐다. 그래서 놀라운 기억이 아주 많다. 저녁이면 세 아이는 강아지들처럼 어머니 주위에 모이곤 했다. 어머니가 동화책을 읽어주는 동안 아버지는 사과를 깎고 잘라서 식구들에게 건넸다. 웃음이 가득했고, 언쟁도 좀 있었고 눈물도 좀 있었다. 많은 동화책, 많은 식사, 많은 대화도. 그리고 우리가 자람에 따라서 집도 커졌다. 아버지는 방을 하나 덧붙였고, 이어서 하나 더 덧붙였다. 어머니는 바느질해서 커튼을 만들고, 텃밭에 식물을 심었다. 방들의 모양, 공간들의 기하학은 우리 삶으로 겹쳐 들어왔다. 그러다가 어머니가 돌아가셨다. 그리고 아버지가 요양 시설로 들어가고 집을 팔았다. 이 역시 돌이킬 수 없었다. 우리는 두 번 다시 그 집에서 살지 못할 터였다. 따라서 그 상실도 비탄의 원천이었다. 그 집을 산 부부는 첫 아이를 출산할 예정이었다. 그들은 처음 집을 둘러보고는 계약하겠다고 했다. 아버지가 사려 깊고 튼튼하게 개보수를 했음을 알아차렸기 때문이다. 아버지는 그렇게 빨리 좋은 가격에 팔 수 있게 되어 기뻐했고 뿌듯해했다. 집이 팔린 직후에 아버지는 그 집에는 가족이 필요했고, 곧 그곳에서 다른 아이가 자란다고 생각하니 기뻤다고 말했다. 그 말이 옳았다. 집의 상실에 따른 비탄을 약화시키려면, 그 집에서의 우리 삶에 관한 사소하고 세세한 사항들을 그 집에서 다른 가족이 살아갈 방식에 투영하는 것이다.

아버지가 돌아가셨을 때, 처음에는 장례식에서 가슴이 미어졌고, 스물한 발의 예포에 상상한 적도 없던 뜨거운 눈물이 왈칵 쏟아졌고, 나는 작업장 그리고 집을 잃은 비탄을 어떻게 헤쳐 나가야 할지 생각했다. 사소하고 세세한 사항들과 다른 사람들과의 상호작용이라는 공간에 투영하자. 아버지가 남들을 돕기 위해 했던 모든 일 — 이웃을 위한 집수리, 가족과 친구를 위한 집 건축, 늘 기꺼이 이야기를 들어주고 자기 이야기를 들려주기 — 은 자신이 돕는 사람들 너머로까지 영향을 미쳤다. 아버지의 활동, 어머니의 요리와 남들을 위한 바느질은 친절, 관대함의 사례들이었다. 이 친절은 자그마한 방식들로 퍼질 것이다. 그것은 아버지의 진정한 유산, 어머니의 진정한 유산이었다. 그 분들은 떠나고 없다. 나는 두 분을 다시는 보지 못할 것이고, 두 분과 다시는 이야기를 나누지 못할 것이다. 그러나 두 분이 천천히 부드럽고 믿음직하게 한 일은 사람들이 그 길을 찾도록 도왔다. "작은 걸음이지." 아버지는 내가 어떤 문제에 매달려 있을 때면 말했다. 작은 걸음을 통해 세상은 그 분들이 태어났을 때보다 떠났을 때 더 나아졌다. 그리고 사실상 그것이 거의 모든 사람이 할 수 있는 최선이다.

이런 투영이 모두에게 효과가 있지는 않을 것이다. 나는 아직 보편적으로 적용할 수 있을 투영법을 찾아내지 못했다. 아예 없거나, 찾아낼 수 있을 정도로 명석하지 않아서일 수도 있다. 지금 내가 이해하고 있는 바에 따르면, 이 접근법은 개인적 차원에서 실행된다. 힘든 부분은 직접 해야 한다. 투영의 기하학은 내게 유용한 시각적 도구가 되어주었다. 그러나 그 개념을 이해하면서도 기하학에 별 관심이 없다면, 아무것도 시각화할 필요가 없다. 더 작은 규모의 비탄 사례들을 찾을 수 있다면, 이를 효과적인 투영을 조사할 실험실로 삼자. 그런 뒤 비탄의 자기 유사성을 활용하여 조금씩 규모를 키우자. 내가 예로 든 것처럼 작은 규모의 사례가 더 큰 비탄의 구성 요소라면, 이를 비탄의 자기 유사성이라고 부르는 이유를 명백히 알 수 있을 것이다. 당신도 자신의 상황에 이 접근법을 적용할 수 있기를 바란다.

아프리카에서 여러 해 동안 HIV/AIDS 유행을 보도한 기자이자 작가이기에 대다수의 사람보다 더 많은 비탄을 접한 라라 산토로Lara Santoro는 무력감에 빠지지 않을 방법을 찾아냈다. 그녀는 이를 '멀리두기zooming out'라고 한다. 그 순간에 사로잡혀서 자신이 보고 듣고 느끼는 것에 완전히 얽매이는 대신에, 마음속에서 뒤로 물러나 그 모든 상심의 한가운데에 박혀 있는 자기 자신을 관조한다. 자기 자신을 관조하는 이 차원은 자신을 무너뜨릴 수 있는 감정이입을 걸러내는 여과지 역할을 한다. 그렇다. 그녀는 자신이 그런 상황에 처한다면 절망을 느낄 광경들의 한가운데에 있지만, 바깥에서 자신의 상황을 관찰하기에 그 절망은 더 이상 전체 이야기가 아니다. 그것만으로도 충분하다. 여전히 마음은 아프지만—지독히도—이제는 견딜 수 있다. 라라는 이 개념이 스피노자Baruch Spinoza에게서 유래했다고 본다. 스피노자는 고통의 심상을 명확히 형성할 때 그 고통이 끝난다고, 적어도 무뎌진다고 했다.

내가 제시하는 투영법은 주로 비탄 내에 있는 수준들, 즉 비탄의 하부구조들을 찾는 쪽이다. 라라는 안쪽이 아니라 바깥쪽을 본다. 그녀의 접근법은 차원의 다양한 형태에서 더 깊은 근원적 패턴을 찾으려는 내 접근법과 언뜻 보기에 닮은 점이 있다. 그러나 내가 관념의 세계에 대놓고 머물러 있는 반면, 라라는 개인적 요소를 집어넣는다. 자신을 관조한다는 차원을 겹쳐놓는다. 탁월한 접근법이다.

이제 원래 이야기로 돌아가자. 나는 비관적인 말로 끝을 맺고 싶지 않지만, 아직 한 장이 더 남아 있으므로 여기서 경고를, 나보다 더 잘하라는 청원을 하나 하고 싶다. 지금까지 자신이 살아온 과정을 돌아보면서 더욱더 쓸쓸하게 후회를 곱씹으면서 돌이킬 수 없는 상심에 빠지는 일을 피하라는 것이다. 집필을 시작할 때, 이 말을 포함시켜야 할지 확신이 들지 않았다. 지금은 넣는 것이 불가피해보인다. 내가 마음을 바꾸었다고 해도, 당신은 결코 알지 못하겠지만.

하지만 먼저 여기서 삶이 어떻게 예상과 다르게 펼쳐질 수도 있는지를 언급한 헬렌 맥도널드의 말을 들어보자.

인생에는 세상이 언제나 새로운 것들로 가득하다고 예상하는 시기가 있다. 그러다가 전혀 그렇지 않으리라는 것을 깨닫는 날이 온다. 숭숭 구멍 난 삶이 되리라는 사실을 알아차린다. 부재들. 상실들. 예전에 있었지만 더 이상 없는 것들. 그리고 또 깨닫는다. 구멍들의 틈새 사이에서 돌아다니면서 성숙해야 한다는 것을. 비록 예전에 그것들이 있던 곳으로 손을 뻗으면, 그 추억이 있는 공간의 긴장되고 빛나는 아련함을 느낄 수 있다고 해도.[6]

나는 인생의 모든 단계에서 편안한 선택을 해왔다. 엄마는 내가 의학자가 되기를 바랐지만, 그 길로 가지 않았다. 그 길은 아주 힘들고 부담스러웠을 것이다. 나는 위대한 연구를 할 수 있을 만큼 명석하지 않다는 것을 알았지만, 그래도 쓸모 있는 무언가를 해낼 수는 있었을 것이다. 나는 그보다는 물리학과 수학을 공부했고, 응용 분야보다 추상적인 분야가 어느 면에서 '더 낫다'고 스스로를 납득시키려 애썼다. 헛소리였다. 그저 책임을 회피하려는 것이었다. 생명의학을 연구했다면, 사람을 다치게, 아마도 심하게 다치게 하는 실수를 저지를지도 모를 테니까. 그러나 3학기 미분 강좌에서 그린의 정리Green's theorem를 증명하다가 실수를 저지른다고 해도 아무도 죽지 않을 테니까.

나는 수학을 좀 배울 만큼은 영리했지만, 중요한 연구를 할 정도까지는 아니었다. 그래서 대신에 가르치는 일에 집중했다. 그리고 혼란을 겪은 시간이 많았기에, 학생들의 혼란에 민감했다. 대개 알아볼 수 있었고, 그들의 혼란이 '질문할 시간'이라는 문턱 앞에서 머뭇거리게 만들 때 조치를 했다. 나는 학생들을 돕기 위해 가르친다고 확신했다. 아마 그랬을 것이다. 가르치는 일이 고귀한 소명임에는 분명하다. 여동생은 오하이오 시골에서 초등학교 2~3학년을 가르쳤다. 그녀는 영웅이다. 나는 게으름뱅이다.

나는 교사로서의 능력을 갈고닦는 데 모든 에너지를 썼다. 그러다가 50대 말에 인지능력에 문제가 생기기 시작했다. 교실에서 명료하게 짝을 짓곤 하던 개념들이 흐릿해지기 시작했다. 10년 넘게 가르쳤던 교실에서 그날 가르칠 내용을 적은 공책을 훑는 데—어떤 예제, 어떤 정리, 어떤 응용문제를 가르칠지 살펴보는 데—5분도 걸리지 않았건만, 이제는 맞게 설명하고 있기를 바라면서 한 시간 내내 공책을 들여다보곤 했다. 그러다가 때로 설명이 어긋나기도 했다. 가르치는 일은 내가 유일하게 겁내지 않은 일이었는데, 그 유일한 능력이 서서히 녹아내리는 것을 지켜보아야 했다. 신경생리학적 진단과 PET 영상으로 뭐가 문제인지 드러났다. 그냥 늙고 지쳐가는 것이 아니었다. 나는 투명해지고 있었다. 부재의 전조였다.

이 쇠퇴는 약간의 아이러니를 수반했다. 두 가지만 언급하기로 하자. 내 문제로 당신을 지루하게 만들 이유는 없으니까. 나는 대학원생들이 주최하는 '2014년 빈 바이오센터 철학박사 심포지엄'에서 프랙털기하학과 삶의 복잡성을 다룬 〈고정관념 버리기Thinking outside the box〉라는 강연 요청을 받았다. 그보다 몇 년 전, 내가 너끈히 일을 할 수 있을 것이라고 합리적으로 확신한 시기였다면, 기꺼이 갔을 것이다. 나는 빈, 아니 유럽을 가본 적이 없었다. 따라서 좋은 기회가 되었을 것이다. 그러나 2014년경에는 이미 정신이 사라지기 시작한 상태였다. 너무나 슬프게도 나는 거절하면서 이 분야에서 일하는 다른 사람을 추천했다.

마지막으로 아이러니라고 볼 수 있는 사례를 언급하겠다. 교사로서의 마지막 강의를 끝내고 교수실로 돌아왔을 때, 미국 수학협회에서 보낸 전자우편이 와 있었다. 2017년 시카고에서 열릴 매스페스트 총회에서 초청 강연을 부탁한다는 내용이었다. 나는 밤새도록 고심했다. 진과 나는 시카고를 좋아했고, 비록 몇 년 동안 가지 않았지만 그곳을 꽤 잘 알고 있었다.

그러나 2016년 5월 즈음에는 다음 해에 유능하게 일을 할 수 있을 것이라고 확신하지 못했기에, 너무나 안타깝게도 다시금 거절했다.

내가 수십 년 동안 갈고닦은 능력의 상실에 비탄했을까? 브누아와 함께 일하면서 터득한 일부를 공유할 수 있는 놀라운 기회들을 거절할 필요가 있었을까? 그렇다, 정말로.

앤 팬케이크Ann Pancake는 소설 《너무나 이상한 날씨였어 Strange as This Weather Has Been》에서 겪었을 수도 있는 삶의 상실이 주는 비탄을 소름 끼치게 묘사한다.

나는 여전히 살아 있으면서 잃은 삶을 비통해한다는 것이 무엇인지를 알아차렸고, 그보다 더 가혹한 상실은 없을 것임을 깨달았다. 그것은 내가 상상한 모든 것을 넘어서는 비탄이었다. 지금도 그 메마른 소켓을 때때로 느낄 수 있다. 그 휘두름, 이어서 몸이 타는 고통을.7

내가 살면서 한 선택들—문제가 크든 작든 중간이든 간에 나는 언제나 안전하고 편안한 선택을 했다—의 자기 유사성은 비탄의 자기 유사성을 생성해왔다. 나는 내가 한 크고 작은 선택들을 후회한다. 작은 규모의 비탄은 이런 것들이다. 왜 유전학 강좌 대신에 천문학 강좌를 들었을까? 이를 대규모 비탄의 전조로 받아들였어야 했다. 질병의 치료제를 발견하거나 환자를 치료하는 데 도움을 줄 수도 있지 않았을까? 대신에 나는 칠판을 다이어그램과 방정식으로 덮었고, 기하학이 자연에서 어떻게 펼쳐지는지를 설명하려고 시도했다. 당시에는 이 규모 확대에 함축된 의미를 인식하기는커녕 알아보지도 못했다.

한 발 뒤로 물러서서 상심의 한가운데에 있는 내 자신을 보면 이 고통을 줄이는 데 도움이 되었을까? 그렇다, 조금은. 대체로 이 관점은 취하지 않은 경로들에 절망을 넘김으로써 얼마간 안도감을 제공해왔다. 내가 어떤 선택을 했던 간에, 아무튼 나는 여기까지 왔으며, 40년을 넘긴 교사로서의 삶을 포기하는 것보다 훨씬 더 상심하게 만들 직업들도 있다.

당신은 나보다 자신의 삶에서 더 나은 선택을 할 수 있을까? 나는 모르지만, 당신은 알게 될 것이다.

6

너머

Beyond

선함의 눈부신 용기 — 주디어 펄

먼저 개인마다 차이를 보이는 것 하나를 지적해야겠다. 엄마와 아빠가 돌아가셨을 때, 처음에는 고통에 꼼짝도 못할 지경이었다. 그 고통이 좀 잦아들었을 때, 엄마나 아빠가 관심을 가졌을 만한 것을 보았을 때 그 분들에게 어떻게 말할까 생각하다가 '참, 돌아가셨지' 하는 생각이 불쑥 떠오르면서 머리에 충격이 오곤 했다. 그런 감정이 좀 잦아들자, 나는 내 세계에 부모님의 부재가 남긴 아주 넓은 구멍을 메우기 시작했다. 그때 부모님의 꿈을 꾸기 시작했다. 지금도 나는 부모님의 꿈을 꾼다. 대개는 평범한 것들이다. 짧은 여행, 주방에서 엄마와 함께 요리하기, 작업장에서 아빠와 함께 일하기. 잠에서 깨면 부모님이 돌아가셨다는 사실을 새롭게 깨달으면서 짧고 강렬하게 비탄에 젖곤 한다. 대개 욕설을 내뱉으면서.

여동생 린다도 부모님의 꿈을 꾸지만, 행복한 기분으로 깨어난다. 꿈속에서 동생은 다시금 부모님을 방문하기 때문이다. 린다는 나보다 약 2년 반 늦게 태어났다. 우리는 많은 경험을 함께 했고, 둘 다 교사가 되었다. 그러나 돌아가신 부모님의 꿈에는 전혀 다른 식으로 반응한다. 요점은 이렇다. 다른 사람이 어떻게 느끼는지 생각할 때 자신의 감정을 안내자로 삼을 수 없다는 것이다.

누군가를 잃었을 때 주변 사람들은 선의로 이런저런 위로의 말을 하는데, 그런 말들이 분노나 짜증을 일으킬 수도 있다. 대다수는 이런 상황에서 상투적인 위로를 건넬 뿐이다. 행동공간으로 작은 투영을 해보자. 누군가가 하는 말이 성가실지라도 정중하게 대응하기를. 자신이 진정으로 느낀 걸 말하면 상대방은 마음에 상처를 입을 것이므로, 그들의 기분이 더 좋아질 수 있는 방식으로 행동하자. 비탄에 젖은 사람은 자신이지만, 관심을 밖으로 돌려서 자신을 위로하려는 이들을 돕자.

음식을 가져다준다면, 그들의 사려 깊음을 칭찬하자. 그렇게 하면 어느 정도 정신을 딴 데로 돌리겠지만, 남을 도우면 그만큼 기분이 좋아지므로 좀 더 나아질 것이다.

(가까운 사람을 막 잃은 누군가와 이야기를 나눌 때면, 대개 나는 도와줄 일이 있는지 묻는다. 그들에게 무엇이 필요한지를 관찰하고 추측하자. 내가 할 수 있는 심부름이 있을까? 누군가에게 연락해줄까? 일반적인 제안보다 구체적인 제안이 더 낫다. 그런 뒤에 잃은 사람에 관한 이야기를 들려줄 수 있는지 물어본다. 이런 작은 행동들이 별 도움이 안 될 수도 있다. 설거지를 해주겠다는 제안은 이런 반문을 받을 수도 있다. "이런 상황에서 어떻게 설거지를 떠올릴 수 있나요?" 이야기를 들려달라고 요청하면 상대방이 울음을 터뜨릴 수도 있다. 상대가 무엇을 필요로 할지 추측할 때 비탄에 젖은 사람에 관해 아는 모든 것을 활용하고, 추측이 틀렸을 때 빚어질 결과들을 수용할 준비도 하자.)

비탄은 남들을 도울 수 있는 행동으로 투영할 기회를 준다. 이런 사례들은 작은 단계들이지만, 그것들조차도 집단선택이 상실 뒤 삶을 추스르기 위해 취할 행동을 증폭시키는 이유 중 몇 가지를 드러낸다. 이런 작은 행동들의 규모를 키울 수 있을까? 큰 단계들이 있을까?

사실 때때로 비탄은 탄복할 만한 선한 행위를 할 기회를 준다. 내 조부모님과 부모님은 돌아가셨고, 그 상실감은 끔찍했다. 그러나 부모가 아이를 잃는 것은 훨씬 더 안 좋다. 나는 아이가 없기에, 이를 직접 경험할 수는 없다. 나는 살인이나 정치적 암살은커녕 질병이나 사고로 아이를 잃을 때의 새까맣게 타버리는 듯한 상심을 상상조차 할 수 없다. 그런 비탄을 생각하는 것만으로도 무력감이 찾아온다. 그런 생각이 내게는 추상적인 것임에도 그렇다. 부모로서의 사랑을 준 적이 없기에 부모의 상실감도 알 수 없다. 그러나 간접적이긴 해도 그런 상실의 규모를 짐작할 수 있다.

주디어 펄Judea Pearl은 《인과성Causality》과 《이유의 책The Book of Why》을 통해 인과관계를 계산하는 기법을 개발한 탁월한 컴퓨터과학자다.[1] 인과관계 계산법은 무엇보다도 통계학에서 심프슨의 역설이라고 부르는 당혹스러운 문제들을 해결한다. 주디어 펄의 아들인 대니얼 펄은 기자였는데, 2002년 아프가니스탄에서 납치되어 살해되었다. 부모가 겪을 수 있는 모든 악몽 중 최악의 것이 닥쳤을 때, 주디어는 아내인 루스, 친지들과 공동으로 '대니얼 펄 재단'을 세우는 것으로 대응했다. 재단의 목적은 문화 간 이해를 도모하는 것이다. 그토록 지독한 일을 겪은 이들이 취할 수 있는 가장 영웅적인 행동이 아닐까 한다.

고인이 된 영화평론가 로저 에버트Roger Ebert는 2009년 1월, 한 지면에 이렇게 썼다. 자신은 영화를 볼 때 슬픈 장면에서는 결코 운 적이 없고 선함을 담은 장면, 고양되는 느낌을 주는 장면에서만 눈물을 흘린다고. 숭고함이라고 했다.[2] "나는 관용, 공감, 용기에, 그리고 희망을 주는 인간의 능력에 감동한다." 펄 부부의 반응은 이런 품성들을 엄청나게 드러냈으며, 그들의 행동을 다룬 기사를 읽었을 때 나는 눈이 아리고 목이 메고 호흡이 가빠지는 것을 느꼈다. 다음 날 마당에 사는 길고양이들에게 밥을 준 뒤에야 펄 부부의 대응을 접한 충격이 온전히 찾아왔다. 나는 현관 계단에 앉아서 울먹였다. 지금도 그들이 한 선택을 글로 쓰고 있자니 감정이 북받쳐온다. 절대적 공포에 직면했을 때, 그들은 그 공포를 아들의 생애에 '선함의 눈부신 용기'를 찬미하는 쪽으로 방향을 돌렸다.[3]

펄 부부를 이 행동으로 이끈 경로를 나는 감히 묘사조차 할 수 없다.

나는 차라리 우리가 개발한 기법들을 써서 한 가지 해석을 내놓기로 한다. 대니얼은 음악에 관심이 있었으므로, 그 상실을 그의 음악 사랑을 포함하는 공간으로 투영해보자. 그 음악은 계속 남아 있을 것이므로 대니얼의 영향, 자의식도 계속 메아리로 남을 것이다. 식구들은 그의 상실을 생각할 때마다 언제나 그의 삶을 이루었던 세세한 사항들을 떠올릴 것이다. 더 이상은 그와 함께 새로운 경험을 하지 못하겠지만, 그와 함께한 기억들을 여러 관점에서 보고 진화하는 방식으로 이해할 수 있을 것이다. 대니얼의 기억을 그의 행동과 관심의 공간으로 투영하는 것은 이런 기억을 새로운 관점에서 보는 것이다. 그러나 한 걸음 물러서자. 대니얼은 무엇을 하고 싶었을까? 그를 몰랐던 사람들이 그의 의도를 경험하도록 도울 수 있을까? 단번에 훌륭하게 답할 수 있다. 그렇다고.

죽음은 돌이킬 수 없이 사라진 이들을 더 이상 경험하지 못하게 문을 닫는다. 그러나 비탄은 추억들을 뒤섞고, 행동들을 새로운 방식으로 볼 수 있게 할 문을 연다. 겨우 빼꼼 열릴 뿐일 수도 있지만. 세상을 떠난 사람이 우리가 어떻게 하기를 원했을지 생각해보자. 친숙한 사례들이 많이 있다. "유족은 꽃 대신에 …에 기부하기를 바란다고 한다." 좋은 사례이자 탄복할 사례다. 떠난 이를 추모하는 대의는 추억을 증진시킨다. 영향을 여전히 느끼게 한다.

그리고 소수에게는 비탄이 사원의 문들을 활짝 열어젖혀 뒤로 한 걸음 물러서서 놀라운 선행을 할 길을 제공한다.

비탄이 진화적 토대를 지닐까? 사회의 진화라는 수준으로 올라가보자. 비탄은 여러 사람을 도울 수 있는 행동을 촉발할 수 있다.

고통에 대한 최선의 해답은 이것일 수도 있다. 비탄은 우리에게 대담한 걸음을 뗄 힘을 줄 수 있다는 것이다.

부록:

간단한 수학

More Math

앞에서 내가 한 말들을 받아들이는 데 굳이 알 필요가 없던 세세한 사항을 몇 가지 살펴보기로 하자. 이 논증을 따라가려면 수학에 좀 친숙해야 하는데, 대개 고등학교 수학 시간에 배우는 것들이다.

초정육면체에는 정육면체가 몇 개 들어 있을까?

xy 평면에서 단위정사각형 S는 $0 \leq x \leq 1$ 그리고 $0 \leq y \leq 1$인 모든 점 (x, y)로 이루어진다. S의 경계를 찾기 위해 좌표 중 하나를 극단값인 0이나 1로 정한 뒤, 다른 좌표의 값은 전체 범위 [0, 1]에 걸쳐 있도록 하자. 그러면 정사각형의 경계는 네 변이고, 각 변은 하나의 선분이다.

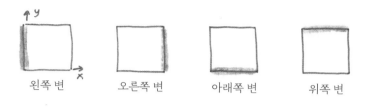

왼쪽 변	$x = 0, 0 \leq y \leq 1$
오른쪽 변	$x = 1, 0 \leq y \leq 1$
아래쪽 변	$y = 0, 0 \leq x \leq 1$
위쪽 변	$y = 1, 0 \leq x \leq 1$

xyz 공간에서 단위정육면체 C는 $0 \leq x \leq 1$, $0 \leq y \leq 1$, $0 \leq z \leq 1$인 모든 점 (x, y, z)로 이루어진다(다음 쪽 그림 참조). C의 경계를 찾으려면, 정사각형에서 했듯이 좌표 중 하나를 극단 값인 0이나 1로 고정시킨 뒤, 다른 두 좌표의 값을 전체 범위 [0, 1]에 걸쳐 있도록 한다. 그러면 정육면체의 경계가 여섯 개의 면이며, 각 면은 정사각형임을 알 수 있다.

왼쪽 면	$x = 0, 0 \leq y \leq 1, 0 \leq z \leq 1$
오른쪽 면	$x = 1, 0 \leq y \leq 1, 0 \leq z \leq 1$
바닥 면	$y = 0, 0 \leq x \leq 1, 0 \leq z \leq 1$
윗면	$y = 1, 0 \leq x \leq 1, 0 \leq z \leq 1$

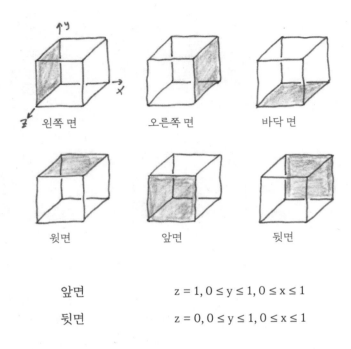

왼쪽 면   오른쪽 면   바닥 면

윗면   앞면   뒷면

앞면 $z = 1, 0 \leq y \leq 1, 0 \leq x \leq 1$

뒷면 $z = 0, 0 \leq y \leq 1, 0 \leq x \leq 1$

wxyz 공간에서 단위초정육면체 H는 $0 \leq w \leq 1$, $0 \leq x \leq 1$, $0 \leq y \leq 1$, $0 \leq z \leq 1$인 모든 점 (w, x, y, z)로 이루어진다. H의 경계를 찾으려면, 좌표 중 하나를 극단값으로 고정시킨 뒤, 다른 세 좌표의 값을 전체 범위 [0, 1]에 걸쳐 있도록 한다. 그러면 한쪽 경계인 정육면체는 다음과 같다.

$$w = 0, 0 \leq x \leq 1, 0 \leq y \leq 1, 0 \leq z \leq 1$$

각 좌표는 두 극단값을 지니므로, 좌표가 4개라는 것은 각 초정육면체의 경계가 여덟 개의 정육면체로 이루어진다는 것을 의미한다. 다음 쪽의 그림은 이 여덟 개의 정육면체다. 맨 위의 두 그림은 두 '뚜렷한' 정육면체를 짙게 표시한 것이다. 왼쪽의 짙은 정육면체를 **아래 정육면체**, 오른쪽의 짙은 정육면체를 **위 정육면체**라고 하자.

다른 여섯 개의 짙은 정육면체들은 아래 정육면체의 면 중 하나와 위 정육면체의 상응하는 면을 연결한다. 예를 들어, 두 번째 줄의 왼쪽 짙은 정육면체는 아래 정육면의 윗면과 위 정육면체의 윗면을 연결한다.

오차원 정육면체의 경계는 몇 개의 초정육면체로 이루어져 있을까?

$\sqrt{2}$ 는 왜 무리수일까?

2의 제곱근이 두 정수의 비율이 아님을 보여주기 위해, 그리피스 선생님은 다음과 같이 시작한다. $\sqrt{2}$를 정수의 비율로, 즉 $\sqrt{2} = a/b$로 쓸 수 있다고 가정하고, 그 비율을 가장 기본 형태로 취하자(예를 들어, 14/10이 아니라 7/5로 적자). 이제 양변을 제곱하면, $2 = a^2/b^2$, 즉 $2b^2 = a^2$이 된다. 그러면 a^2은 짝수일까 홀수일까? b^2의 두 배이므로, a^2은 짝수다. 그렇다면 a는 짝수일까 홀수일까? 짝수의 제곱은 짝수이고, 홀수의 제곱은 홀수

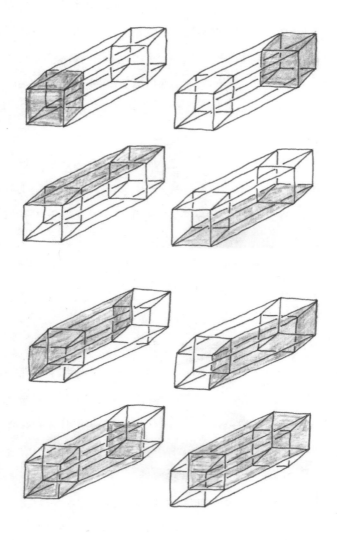

이므로, 짝수임이 틀림없다. 그 말은 a = 2c이고, c는 아무 정수라도 된다는 뜻이다. 이제 $2b^2 = a^2$으로 돌아가자. 어떤 문제가있는지 알아차렸는지? 음, $2b^2 = a^2 = (2c)^2 = 4c^2$이다. 이제 양변에서 2를 없애자. 보이는지? $b^2 = 2c^2$이므로, b^2은 짝수이고 b도 짝수다. 여기서 문제는 a와 b가 모두 짝수이지만, 우리가 a/b의 비율을 가장 기본 형태로 취했다는 데 있다. 하! 정말 기막히지 않은가?

프랙털의 이모저모

개스킷이 개스킷 규칙을 적용했을 때 변하지 않는 유일한 도형이라고 말할 때, 좀 조심해야 한다. 개스킷이 불변인 유일한 도형이 아니기 때문이다. 예를 들어, 세 개스킷 규칙을 전체 평면에 적용한다면, 다시 전체 평면을 얻는다. 우리가 말할 수 있는 것은 개스킷이 세 개스킷 규칙에 불변인 유일한, 닫히고 경계가 있는 도형이라는 것이다.

도형은 그 여집합이 열려 있다면 **닫혀** 있고, 그 도형의 모든 점이 도형 안에 완전히 들어가 있는 작은 원반의 중심에 있다면 그 도형은 **열려** 있다. 예를 들어, $\{(x, y): x^2 + y^2 < 1\}$는 열려 있고 $\{(x, y): x^2 + y^2 \leq 1\}$는 열려 있지 않다.

전체 도형을 충분히 큰 원으로 에워쌀 수 있다면, 그 도형은 **경계가 있다(유계)**.

프랙털 차원의 이모저모

이 절에는 이 책의 나머지 지면에 실린 것보다 더 **많은 수**학이 실려 있다. 5장에서 소개한 차원의 기하학을 좀 개괄하고자 한다. 여기서는 단순한 기하학만 이용할 것이다. 자연에 본래 있는 잡음 때문에 물질세계에 적용할 때는 복잡해진다. 앞에서 우리는 도형의 높이와 폭을 두 배로 늘린다면 그 도형이 몇 개의 사본으로 이루어지는가라는 질문을 통해 차원을 소개했다. 그와 관련 있는 접근법을 쓰면 더 쉽게 일반화할 수 있다. 도형을 키우는 대신에, 크기를 그대로 유지하면서 전체 도형과 같은 모양으로 잘라 더 작은 사본들을 만드는 것이다. 이미 시에르핀스키 개스킷에 그 방법을 써본 적이 있다. 그 개스킷이 크기가 2분의 1인 사본 세 개로 이루어져 있음을 알 수 있었다. 이제 사본의 개수를 N, 척도인자를 r이라고 하자. 그러면 프랙털 차원은 다음 식으로 나타낼 수 있다.

$$N = (1/r)^d$$

왜 1/r일까? N이 1보다 크고 r이 1보다 작기 때문이며, 적어도 이런 상황에서 d는 양수다. d를 구하려면 양변의 로그값을 취한 뒤, $\log((1/r)^d) = d\log(1/r)$이라는 점을 이용해 푼다.

$$d = \frac{\log(N)}{\log(1/r)}$$

이 계산의 토대를 이루는 가정은 도향이 자기 유사성을 띤다는 것이며, 따라서 **유사성 차원**similarity dimension이라고 한다. 시에르핀스키 개스킷의 유사성 차원은 다음과 같다.

$$d = \frac{\log(3)}{\log(2)} \approx 1.58496$$

어떤 도형이 자기 유사적 도형이지만, 각 조각들이 동일한 인자에 따라 규모 축소가 일어나는 것은 아니라고 하자. N의 조각 각각이 자체 척도인자, $r_1, \cdots, r_N$을 지닐 수도 있다.

그 척도인자들을 다 넣으면, 유사성 차원 공식을 적을 지면이 모자란다. 하지만 우리는 $N = (1/r)^d$을 다음과 같이 고쳐 쓸 수 있다.

$$Nr^d = 1, \text{ 즉 } \underbrace{r^d + \cdots + r^d}_{N\text{개의 항}} = 1$$

각 척도인자의 항이 있으므로, 이 유사성 차원 방정식은 각 인자별로 나타낼 수 있다.

$$r_1^d + \cdots + r_N^d = 1$$

이를 **모란 방정식**Moran equation이라고 한다.

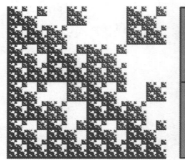
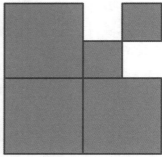

예를 들어, 그림은 몇 개의 척도인자를 지닌 프랙털이다. 오른쪽의 개략도가 시사하듯이, 이 프랙털은 다음과 같은 척도인자들을 지닌다.

$$r_1 = r_2 = r_3 = \tfrac{1}{2}$$
$$r_4 = r_5 = \tfrac{1}{4}$$

따라서 모란 방정식은 다음과 같다.

$$3(\tfrac{1}{2})^d + 2(\tfrac{1}{4})^d = 1$$

이제 이를 숫자를 써서 풀어야 한다고 생각할지 모르겠다. 양변의 로그를 취해서는 d를 풀 수가 없기 때문이다. 하지만 여기서는 다른 대안이 있다. $(\tfrac{1}{4})^d = ((\tfrac{1}{2})^2)^d = ((\tfrac{1}{2})^d)^2$이기 때문이다.

여기서 $(\tfrac{1}{2})^d$ = x라고 하면, 모란 방정식은 이차방정식이 된다.

$$3x + 2x^2 = 1$$

이 이차방정식을 풀면, $x = (-3 \pm \sqrt{17})/4$이다. $x = (\tfrac{1}{2})^d$이 양수이므로, $x = (-3 + \sqrt{17})/4$이 된다. 마지막으로, d의 값을 구하기 위해서 양변에 로그를 취한다.

$$\left(\frac{1}{2}\right)^d = \frac{-3 + \sqrt{17}}{4}$$

방정식을 풀면 d의 값이 나온다.

$$d = \frac{\log((-3 + \sqrt{17})/4)}{\log(\tfrac{1}{2})} \approx 1.83251$$

이를 확장한 사례를 두 가지만 살펴보자. 훨씬 더 많이 있긴 하다. 모두《프랙털 세계들》의 6장에 실린 내용이다.

먼저 무작위 프랙털random fractal을 살펴보자. 이 말은 매번 반복할 때 동일한 척도인자를 적용하는 대신에, 각각 정해진 확률을 지닌 몇 개의 값 중에서 하나를 취할 수 있다는 뜻이다. 그럴 때 모란 방정식은 다음과 같다.

$$E(r_1^d) + \cdots + E(r_N^d) = 1$$

여기서 $E(r_1^d)$는 r_1^d의 기댓값, 즉 평균이다. 이를 **무작위 모란 방정식**randomized Moran equation이라고 한다.

다음 쪽의 그림은 N = 4 조각이며, 각각 확률이 ½인 척도인자 r=½과 확률이 ½인 척도인자 r = ¼을 지닌다. 그러면 각 조각의 기댓값은 $E(r^d)$ = ½(½)^d + ½(¼)^{d}가 된다.

여기서 다시 x = (½)^{d}이라고 하면, x^2 = (¼)^{d}이다. 그러면 무작위 모란 방정식은 이차방정식 $2x + 2x^2 = 1$이 되고, 차원은 다음과 같다.

$$d = \frac{\log((-1 + \sqrt{3})/2)}{\log(1/2)} \approx 1.44998$$

그런데 이 숫자가 무엇을 가리킬까? ½과 ¼을 다양한 순서로 뽑으면 서로 다른 무작위 프랙털들이 나올 것은 분명하다. 우리가 계산한 차원은 이 요리법에 따라서 많은 프랙털을 생산한다고 할 때 얻을 차원들의 평균값이다.

마지막으로, 1장 47쪽의 프랙털로 돌아가보자. 모두 척도 인자 r = ½을 택했지만, 몇 가지 조합만 허용한 네 가지 변환을 통해 생성한 것이다.

이를 표현하는 한 가지 방법은 사분면으로 나누어서 프랙

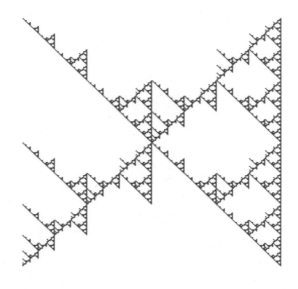

털 1(아래 왼쪽), 2(아래 오른쪽), 3(위 왼쪽), 4(위 오른쪽)라고 꼬리표를 붙이는 것이다. 우리는 어느 조합이 허용되고 금지되는지를 행렬로 나타낼 수 있다. 행의 숫자는 사분면, 열의 숫자는 그 사분면의 부분사분면을 나타낸다. 한 예로, 첫 번째 행에서 두 번째 열의 숫자는 아래 왼쪽 사분면 내에 있는 아래 오른쪽 부분사분면을 가리킨다. 행렬에서 숫자 0은 해당 부분사분면이 비어 있다는 뜻이다. 1은 차 있다는 뜻이다. 따라서 위의 프랙털을 나타내는 행렬은 다음과 같다.

$$M = \begin{bmatrix} 1 & 0 & 1 & 1 \\ 0 & 1 & 1 & 1 \\ 0 & 1 & 1 & 0 \\ 1 & 1 & 0 & 1 \end{bmatrix}$$

모든 척도인자가 r = ½로 같으므로, 우리는 다음 식을 **기억 모란 방정식**memory Moran equation이라고 부를 수 있다.

$$(½)^d \, \rho[M] = 1$$

인자 $\rho[M]$은 M의 스펙트럼 반지름spectral radius이라고 한다. 행렬 M의 가장 큰 고윳값이다. 고윳값을 계산하는 방법은 그냥 넘어가기로 하자.

알아보고 싶다면 아무 선형대수학 책이나, 《프랙털 세계들》의 부록 A.83과 A.84를 참조하기를. 이 행렬 M에서 고윳값은 $1 \pm \sqrt{3}$, 1 그리고 1이다. 고윳값의 수는 행렬의 행(또는 열)의 수와 같으며, 때로 같은 고윳값이 반복될 수도 있다. 여기서 고윳값 1이 그렇다. 스펙트럼 반경은 $\rho[M] = 1 + \sqrt{3}$이며, 기억 모란 방정식을 풀면 d는 다음과 같다.

$$d = \frac{\log(\rho[M])}{\log(2)} \approx 1.44998$$

모란 방정식의 이 확장판 목록은 더 길다. 예를 들어, 변환의 수축인자가 위치에 따라 다른 모란 방정식 판본도 있다. 하지만 이 정도로도 충분히 살펴본 듯하다.

모란 방정식에 관해 한 가지만 더 말하기로 하자. 몇몇 사례에서 우리는 이 방정식을 이차방정식으로 전환했다. 이차방정식의 해가 복잡하다면 어떻게 할까? 그런 일은 일어날 수 없다. 모란 방정식은 언제나 해를 지니며, 해는 하나뿐이다. 《프랙털 세계들》의 부록 A.76을 참고하기를.

이제 차원과 측정을 조금만 더 살펴보자.

어떤 도형을 본래의 차원보다 더 낮은 차원에서 측정하려고 시도한다면, 우리가 얻는 답은 ∞가 된다. 한편 더 높은 차원에서 측정하려고 한다면, 0이 된다. 학술적으로 파고들면 꽤 복잡한데, 사례를 통해 어떤 개념인지 보여주기로 하자. 도형이 속이 차 있는 단위정사각형이라고 하자. 분명히 이차원이다.

길이를 측정하기 위해 정사각형을 무한히 가느다란 실들로 덮는다고 하자. 실의 길이가 유한하다면 틈새가 많이 남을 테니, 정사각형을 다 덮으려면 무한히 긴 실이 필요하다.

반면에 이 정사각형은 밑면이 단위정사각형이고 높이 h인 상자 안에 들어갈 수 있다. 이때 $h > 0$이다. 이 상자의 부피는 $V = 1^2 h = h$다. h의 값을 점점 더 작게 잡는다면, 상자의 부피는 0에 가까워지므로, 정사각형의 부피는 0이다.

바로 여기에 주의할 세부 사항이 있다. 우리가 유계 도형만을 살펴보리라는 것이다. 평면에서 무한히 긴 좁은 띠는 무한한 면적을 지니지만, 이차원에 있다. 어떤 측정에서 무한값이 나온다면 그것은 너무 낮은 차원에서 측정하거나(이 사례는 우리에게 흥미롭다) 무계 도형을 측정한(이 사례는 우리의 관심 밖이다) 결과일 수 있다. 따라서 우리는 유계 도형만을 다룰 것이다.

이 모든 이야기가 너무 추상적이라면, 개스킷을 생각함으로써 더 구체적으로 살펴보자. 밑변의 길이와 직각을 이루는 변의 길이가 1인 직각이등변삼각형으로 개스킷을 만든다고 하자. 삼각형의 면적은 ½ × 밑변 × 높이이므로, 이 직각이등변삼각형의 면적은 ½이다. 이제 다른 방식으로 개스킷을 만들어보자. 직접 면적을 계산하는 방식이다. 이런 식이다. 속이 찬 삼각형의 변들의 중간 지점들을 서로 잇는다. 그렇게 생긴 가운데 삼각형을 잘라낸다. 그러면 속이 찬 삼각형이 세 개 남는다. 각 삼각형에 이 과정을 반복하는 식으로 계속한다.

그러면 원래의 삼각형이 삼각형 집합인 개스킷으로 분해되는 것을 볼 수 있다. 잘라낸 삼각형 중 가장 큰 것은 밑변과 높이가 ½이므로, 면적은 ⅛이다. 그 다음으로 큰 것은 세 개가 있는데, 밑변과 높이가 ¼이므로, 면적은 1/32이다. 이런 식으로 계속한다면, 잘라낸 삼각형들의 면적을 다 더할 수 있다.

$$\frac{1}{8} + \frac{3}{32} + \frac{9}{128} + \cdots = \frac{1}{8}\left(1 + \frac{3}{4} + \frac{3^2}{4^2} + \cdots\right) = \frac{1}{8}\frac{1}{1-3/4} = \frac{1}{2}$$

여기서 세 번째 등식은 기하급수의 합이다. $|r| < 1$인 모든 등비급수 r에 대하여, 급수 $1 + r + r^2 + r^3 + \cdots$의 합은 $1/(1-r)$이다. 제거한 삼각형들의 면적은 합이 ½이다. 원래 삼각형의 면적이다. 따라서 개스킷의 면적은 0이다.

개스킷의 길이라는 말은 무슨 뜻일까? 삼각형들의 둘레의 합에서 시작하는 편이 좋을 듯하다. 둘레는 우리가 볼 수 없는 부위들을 더 지닐 수도 있고 아닐 수도 있지만, 둘레가 우리에게 무엇을 말해주는지 알아보자. 큰 직각삼각형의 둘레는 $1 + 1 + \sqrt{2} = p$다. 제거한 첫 삼각형의 둘레는 $p/2$, 두 번째로 제거한 삼각형의 둘레는 $p/4$이며, 그렇게 죽 이어진다. 그러면 둘레들의 합은 다음과 같다.

$$p + \frac{p}{2} + \frac{3p}{4} + \frac{9p}{8} + \cdots = p + \frac{p}{2}\left(1 + \frac{3}{2} + \frac{3^2}{2^2} + \cdots\right) = \infty$$

개스킷은 평면에서 무한한 길이를 지닌 유계 집합이므로 차원은 > 1이고, 면적은 0이므로 차원은 < 2다. 개스킷 차원은 연속되는 정수 사이에 있으므로, 정수일 리가 없다. 측정값들이 어떻게 차원을 말할 수 있는지를 알려주는 사례다.

감사의 말

사랑은 단연코 상실의 위험을 무릅쓸 가치가 있다
———

먼저 고모 루스 프레임에게 감
사를 드려야겠다. 늘 호기심이 가득
한 고모는 아이들의 생각에 진정으
로 귀를 기울이는 어른이었다. 내가
처음으로 잃은 사람이기도 했다. 당
시 나는 무슨 일이 일어났는지 이해
할 만한 나이였지만, 어른들이 죽음
에 관해 하는 이야기들을 이해할 만한 나이는 아니었다. 고모
가 세상을 떠났을 때, 나는 직접적이면서 적나라한 상실감을
느꼈다. 철저히 무력하게 만드는 순수한 감정이었다.

그러나 이 상실의 고통 외에도 내 삶이 펼쳐진 과정에 더
욱 중요했던 것은 고모가 내 호기심을 증폭시켰고, 과학이 어

린이가 따라갈 수 있는 길임을 보여주었다는 것이다. 자신의 조카들이 어른이 된 모습을 고모가 보았다면 얼마나 좋을까. 고모에게 《통제된 카오스Chaos Under Control》나 《프랙털 세계들》을 선물하면서 내게 어떻게 살아가야 하는지를 보여준 삶의 결과라고 말할 수 있었다면 얼마나 좋을까.[1]

부모님 메리와 월터 프레임, 형제자매인 스티브 프레임과 린다 리플, 그 배우자들인 킴과 데이비드, 내 조카 스콧 로스와 아내인 모린 멀둔, 내 사촌인 매트 애로우드와 그 아내 수전, 그들의 아들인 제인과 윌, 내 아내인 진 마타와 나는 함께 복잡한 삶을 엮어왔다. 비탄이 우리 모두의 삶의 일부인 것은 분명하지만, 우리 삶은 비탄보다 훨씬 더 많은 것을 담고 있다. 최악의 시기에도 좋은 순간들이 있다. 그리고 가장 좋은 시기에는 당연히 더 그렇다.

이야기 공간이라는 개념은 《프랙털 세계들》을 쓰기 시작하기 전에 어밀리아 어리와 많은 논의를 하는 와중에 떠올랐다. 캐럴라인 캐너Caroline Kanner 및 캐럴라인 시드니Caroline Sydney와 함께한 다른 신나는 연구에서는 이야기 공간을 이리저리 변형시키기도 하고 기하학과 문학의 다른 측면들도 많이 탐사했다. 4장의 분석은 거기에 토대를 두었다.

이야기 공간과 비탄 사이의 구체적인 연계는 리처드 및 케일라 마글리울라와의 사려 깊고 열정적인 논의에 큰 빚을 졌다. 리치는 우리의 수의사다. 우리 고양이들을 계속 맡아 놀라울 만치 잘 돌봐준다.

조카 스콧은 존 맥피의 《네 번째 원고Draft No. 4》에 이야기 기하학이 나온다고 알려주었다.[2] 스콧과 나는 무라카미의 책들을 놓고 많은 토론을 벌였다. 서로 다른 방향에서 ─ 나는 기하학자이자 교사이고 스콧은 작가이자 사진작가이자 편집자다 ─ 좋아하는 작가에게 접근하는 사려 깊은 두 독자는 복잡한 이야기로부터 서로 전혀 다르지만 똑같이 타당한 개념을 얻을 수 있다.

라라 산토로는 비탄에 관한 생각을 들려주었다. 나이로비에서 여러 해 동안 외국 특파원으로 있으면서 에이즈 유행에 관한 기사를 썼기에, 그녀는 비탄을 상당히 많이 직접 경험했다. 《자비Mercy》는 자기 삶의 일부를 소설로 각색한 것이다. 《소년The Boy》은 복잡한 도덕적 의미를 함축한 다른 유형의 비탄을 다룬 소설이다.[3] 서신과 대화로, 라라는 멀리두기를 통해 비탄에 대처하는 법을 설명했다. 자신이 의식하고 있음을 관조할 수 있다면, 비탄은 그 예리함을 얼마간 잃는다. 이 개념은 5장의 분석에 쓰였다.

앤드리아 슬론 핑크와는 서신을 주고받으면서 이야기, 상실, 세계를 지각하는 방법을 탐구했다. 내가 그녀의 연극에 등장하는 인물이 되면서 서로 전자우편을 주고받기 시작했다.[4]

앤드리아의 모친은 내 부친이 돌아가신 지 얼마 안 되어서 세상을 떠났다. 부모를 잃은 비탄에 관해 대화를 나누다가 비탄에 젖는 방식의 다양성이 수면으로 떠올랐다. 이 서신 교환은 깨달음을 안겨주었을 뿐 아니라 적어도 내게는 위안을 주었다.

내 담당 편집자 조 캘러미어는 몇 년 전에 나눈 대화로부터 이 책을 쓰자는 착상을 끌어냈다. 이 책은 조와 내가 함께한 세 번째 저작이다. 그와 일하는 것은 유달리 즐겁다. 게다가 이 책은 학술서가 아닌 내 첫 저작이다. 조는 더 많은 일반 독자가 읽을 수 있는 책을 쓰도록 지치지 않고 차분하게, 인내심을 가지고 나를 이끌어주었다. 조엘 스코어가 원고를 꼼꼼히 읽고 통찰력이 엿보이는 평을 해준 덕분에 나는 생각의 흐름이 남들에게 어떻게 비칠지를 간파할 수 있었다. 내가 시카고대학교 출판부와 일하기를 좋아하는 이유 중 하나는 그의 능력이다. 우리 세 명이서 앞으로 더 많은 책을 함께 내놓으면 좋겠다.

사촌인 패티 리드는 원고를 읽고, 내가 놓친 오탈자를 바로잡고, 어조에 관해 도움이 되는 평을 해주었다. 또 힘든 시기를 견딜 수 있게 해준 이미지—그녀의 주방 식탁에 모여 앉아 이야기를 주고받는—를 선사했다. 그렇다, 가족은 중요하다. 게다가 패티는 손주들인 애스터리스크(킴 애스트리드)와 비틀

밤(킴 아이라)을 소개했다. 세상에 대한 호기심과 기쁨이 가득한 그들은 사랑이 단연코 상실의 위험을 무릅쓸 가치가 있다는 증거다.

어린 시절 아이들이 가득했던 동네에서부터 지금까지도 죽 연락을 하고 지내는 유일한 죽마고우인 마이크 도널리는 내 기억에서 사라졌던 시절의 중요한 일화를 전해주었다. 고마워, 친구.

고등학교 동창이자 지금은 가족이자 친구로 지내는 폴 덩클도 그 시절의 중요한 일화들을 들려주었다. 고마워, 친구.

이전의 저서 세 권에서도 그랬듯이, 앤드루 심코뱌크Andrew Szymkowiak는 이번에도 중요한 전문적인 도움을 주었다. 고마워, 앤디.

2012년 11월 나는 로리 산토스Laurie Santos와 함께 토론자로 나섰다. 한 학생 단체가 주최한 그 토론회는 행복을 논의하는 것으로 시작했지만, 학생들의 질문이 이어지면서 범위가 점점 넓어졌다. 한 청중이 우울증에 관해 묻자, 로리는 틀림없이 더 흥미로운 이야기를 할 수 있을 텐데도 내게 답변을 넘겼다. 답변을 하다가 나는 기하학이 감정에 빛을 비출 수 있음을 시사하는 단서를 언뜻 보았다. 이 책은 그 단서에서 비롯되었다. 그리고 그 단서가 조 캘러미어와 대화할 때 마음속에 떠올랐던 것이다. 설익은 착상을 드러내게 해준 로리에게 감사를 드린다.

두 익명의 검토자들이 사려 깊고 꼼꼼한 평을 해준 덕분에 개념들의 체계와 표현 방식이 크게 개선되었다. 한 명은 존 앨런 폴로스John Allen Paulos의 《수학과 유머Mathematics and Humor》를 언급했다. 비탄이 어떤 유머러스한 측면을 지니고 있어서가 아니라, 폴로스가 책의 5장에서 유머의 기하학 이론을 개발했기 때문이다.[5] 덕분에 내 비탄의 기하학 이론의 몇몇 측면을 다듬는 데 도움을 받았다. 또 두 서평가의 응원하는 말은 아무도 이 책에 관심을 갖지 않을 것이라는 걱정에 대처할 방법 하나를 제시했다. 서평가는 저자가 책을 쓰는 방향에 상당한 영향을 미칠 수 있다.

내가 쓴 다른 책들에서도 그랬듯이, 아내의 인내심, 대화, 친절함은 이 책에서도 꼭 필요한 요소였다. 다시 30년을 더 산다면(그럴 가능성은 적다. 나는 백 살까지 살 것 같지 않다), 나는 그녀가 나와의 결혼에 동의한 것이 얼마나 행운이었는지를 이해하게 될 듯하다.

많은 고양이의 상실은 내게 비탄의 새로운 차원을 보여주었고, 이 책의 몇몇 대목에서 생각의 방향을 잡는 데 도움을 주었다. 또 내 무릎에서 1000시간을 잠잔 고양이들은 일할 때 아주 좋은 동료가 되어주었다. 그들을 잃었을 때의 고통을 피하기 위해 그들을 포기하지는 않을 것이다.

비탄은 일상생활의 일부다. 비탄을 일으키는 고통을 줄이는 방식으로 기하학을 이용할 수 있을까? 어떻게 생각하는지?

* * *

앞쪽에 실은 루스 고모의 사진은 옛 가족 앨범에 있던 것이다. 사진사가 누구였는지 기억할 만한 이들은 세상을 뜬 지 오래전이다. 애스터리스크와 비틀밤의 사진은 존 킴이 찍었다.

컴퓨터로 그린 이미지들은 내가 작성한 매서매티카 코드로 생성했다. 손으로 그린 스케치들은 열 살짜리 친척 아이가 그렸겠거니 짐작할지 모르지만, 유감스럽게도 내가 그렸다. 나는 지난 60년을 그림 실력을 향상시키는 데 쓰지 않았다. 수학, 물리학, 코딩, 약간의 생물학을 공부하는 데 썼고, 안타깝게도 미술에는 투자하지 않았다.

옮긴이의 말

수학이 위로를 해준다고? 사랑하는 잃은 지독한 슬픔, 비탄을 달래준다고? 어떤 방법으로? 혹시 어려운 수학 문제를 풀고 있으면, 슬픔을 잊을 수 있다는 것일까?

수십 년 동안 대학에서 수학을 가르친 저자는 그런 단순한 관점이 아니라, 수학의 본질에 착안해서 이야기를 끌어간다. 특히 자신의 전공인 프랙털기하학을 부모 및 고양이와의 사별이라는 비통함을 안겨준 개인적인 일화들과 엮어서 풀어나간다. 프랙털, 자기 유사성, 투영법 등 이 책에는 수학 용어들이 나오긴 하지만, 그리 중요하지 않다.

저자는 수학의 여러 용어와 기법이 우리의 삶에 어떻게 적용될 수 있는지, 특히 상실에 따른 고통과 비탄을 줄이는 데 어떤 도움이 될 수 있는지를 이야기한다. 수학이 그저 머릿속에서 탐구하는 대상이 아니라, 자신의 삶과 어떤 관계를 맺고 있는지를 저자가 오랜 세월 깊이 있게 성찰했음이 여실히 드러난다. 크나큰 상실 속에 작은 상실이 겹겹이 놓여 있다는 점, 깊은 상실감을 다른 무언가에 투영함으로써 약화시키거나 달랠 수 있다는 점 등을 수학과 연관 지으면서 차근차근 설명한다. 프랙털이 무엇인지 안 뒤에는 세상을 보는 관점이 달라지며, 그 결과 다른 관점으로 세상을 볼 수 없게 된다는 것도 상실과 비탄이라고 너스레를 떨기도 한다. 두 갈래 길 중에서 선택을 했을 때, 훗날 가지 않았던 길을 떠올릴 때 느끼는 상실과 후회처럼 말이다.

그러나 저자는 자신이 그저 수학자이고 수학에 친숙하기에 수학을 통해 비탄을 약화시킬 방법을 찾았을 뿐이라고 말한다. 음악, 문학, 미술을 좋아하는 독자는 저자의 방법을 그쪽으로 적용해 보라고 말한다. 또 상실에 따른 비통함을 달랠 방법은 여러 가지가 있으며, 자신의 수학적 방법을 써서 슬픔을 위로하는 데 도움을 받았을 뿐이라고 말한다. 겸손한 태도로 차분하게, 누구나 수학을 상실의 아픔을 보듬는 데 이용할 수 있다고 다독이는 독특한 관점의 책이다.

2022년 10월
이한음

주석

프롤로그

1 '더 나쁜'이라고 말한 것은 무엇을 믿든 간에 그 상실을 부정하는 것은 삶의 기억을 훼손하기 때문이다. 또 어린이도 솔직한 말, 좀 거르고 순화했다고 해도 그럼에도 솔직한 말을 들을 자격이 있어서다. 아이에게 슬퍼해도 괜찮다고 말하자. 슬퍼할 이유가 전혀 없다고 말하지 말라.

2 이선 캐닌의 저서 《의심자의 달력》(2016)은 내 절친인 크리스틴 월드런이 사주었다. 나는 여러 해 동안 그 책을 읽고 또 읽으면서 탄복했다. 크리스틴이 선물하지 않았다면 내가 직접 샀을 것이다. 사실 부친이 돌아가신 직후에 이 책을 펼쳤는데, 아마 그래서 캐닌의 글이 더 와닿았을 것이다.

3 John Archer, *The Nature of Grief*(New York: Taylor & Francis, 1999); Barbara King, *How Animals Grieve*(Chicago: University of Chicago Press, 2014). 둘 다 비탄을 깊이 있게 성찰한 탁월한 문헌이다. 킹의 책은 더 사적이고 조금 더 이야기하는 어투다. 아처의 책은 더 추상적인 논설이다. 그런 의미에서 두 사람의 접근법은 상보적이다. 즉, 둘 다 유용하다. 《비탄의 본질》 2장에는 비탄의 학술사가 요약되어 있다. Randolph Nesse, "An Evolutionary Framework for Understanding Grief", *Spousal Bereavement in Late Life*, ed. D. Carr, R. Nesse, and C. Wortman(New York: Springer, 2005), pp. 195~226. 이 논문은 비탄의 진화적 토대를

명쾌하게 설명하며, 그와 조지 윌리엄스가 개척한 다윈 의학에 토대
를 둔다. Nesse and Williams, *Why We Get Sick: The New Science of
Darwinian Medicine*(New York: Random House, 1994) 참조.

4 Alexander Shand, *The Foundations of Character*(London: Macmillan,
1914). 비탄을 최초로 체계적으로 연구한 문헌.

5 《비탄의 본질》3장에서 아처는 미술을 통해 비탄을 살펴보았다.

6 장 폴 사르트르의 이 책들을 통해 나는 처음으로 소설이 심오한 진리에
이르는 가장 순수한 길이라는 인상을 받았다. 지금도 그렇게 여긴다. 꼼
꼼한 철학적 분석은 《존재와 무》에 실려 있다. 《존재와 무: 현상학적 존
재론의 시도》(1943). 부제목을 보면 좀 위화감이 느껴진다. 〈철들 무렵〉,
〈유예〉, 〈영혼 속의 죽음〉 연작으로 이루어진 《자유의 길》은 인물들의
이야기를 통해 비슷한 인식으로 이어진다. 이야기가 훨씬 더 와닿는다.

7 음악은 발성, 즉 박자에 맞추어 목소리에 새긴 감정을 덧붙인다. 거기에
다가 상념을 자극하는 키보드 연주, 합주 악기들, 군중이 내는 복잡하
게 뒤엉킨 소리도 추가될 수 있다. 시 구절은 음향학적 비행을 통해 확
장되거나 대체될 수 있다. 따라서 음악은 텍스트가 드러내는 것보다 더
직접적으로 더 많은 수준에서 삶의 풍성함을 느끼게 해준다. 다음은 그
런 사례들이다. Natalie Merchant, "My Skin", *Ophelia*(Elektra, 1998);
Natalie Merchant, "Beloved Wife", *Tiger Lily*(Elektra, 1995); Loreena
McKennitt, "Dante's Prayer", *The Book of Secrets*(Quinlan Road,
1997); Philip Glass, "Knee 5", *Einstein on the Beach*(Elektra, 1993).
사례를 수십 가지, 아마 수백 가지도 더 댈 수 있다. 독자도 그럴 것이다.
그 목록이 과연 얼마나 겹칠지 궁금하다.

8 이안 감독의 아름다운 영화 〈와호장룡〉(2000)은 요요마가 연주하는
〈페어웰〉이 울려 퍼지는 숨 막히는 장면(말 그대로다. 적어도 나는 그 장
면을 숨도 내쉬지 못한 채 보았고, 극장에서 숨을 억누른 채 흐느끼는
소리들이 들린 것으로 볼 때 나만 그런 것이 아니었다)으로 끝난다.

9 Sia, "Breathe Me", *Color the Small One*(Astralwerks, 2006).

10 부모는 자녀들보다 오래 살아서는 안 된다. 내 외삼촌은 외조부모보다 훨씬 전에 세상을 떠났다. 40년 동안 매일 담배를 두 갑씩 핀 결과다. 외조부모는 의연한 태도를 보이려 애썼기에 더욱더 비탄에 빠졌다. 그러나 그 분들만큼 의연한 태도를 보인 이들은 없다. 투르게네프는 《아버지와 아들》(1862)에서 예브게니 부모의 비탄을 단순하면서 직설적이고 감동적으로 묘사한다. 진정으로 감동적이다.

11 비탄을 경험적으로 연구한 잘 알려진 최초의 문헌. Erich Lindemann, "Symptomatology and Management of Acute Grief", *American Journal of Psychiatry* 101(1944), pp. 141~148. 린더만은 분석을 확장하여 '예상 비탄'도 포함시켰다. 사랑하는 이가 죽는다고 예상할 때의 정서 반응을 뜻했다. 이는 비탄의 비가역성이라는 엄격한 요구 조건의 예외 사례다.

1 기하학

1 Branko Grünbaum & Geoffrey Shephard, *Tilings and Patterns* (New York: Freeman, 1987).

2 그런 벽지군이 열일곱 가지밖에 없다는 증명이 실린 문헌. Evgraf Fedorov, "Symmetry in the Plane", *Proceedings of the Imperial St. Petersburg Minerological Society* 28(1891), pp. 345~390. 그런데 왜 그 증명이 필요할까? 그 증명이 없다면, 기하학의 어느 구석에 숨어 있어서 아직까지 드러나지 않은 열여덟 번째 벽지군 ─ 새로운 유형의 예술 효과를 낳을 타일 맞춤 패턴 ─ 이 있을 수도 있다는 의미가 되기 때문이다.

3 이탈리아 아나니에 있는 이 산타마리아 안눈치아타 대성당은 1104년에 완공되었다. 본문에 실린 시에르핀스키 개스킷을 포함한 내부의 타일 작품은 다음 세기에 추가된 것이다. 이 모자이크의 프랙털 측면은 다음 문헌 참조. Étienne Guyon & H. Eugene Stanley, *Fractal Forms* (Haarlem: Elsevier, 1991). 사진이 실린 웹사이트는 https://commons.wikimedia.

org/wiki/File:Anagni_katedrala_04.JPG.

4 훨씬 더 나은 그림은 위키피디아 '전쟁의 얼굴' 항목에서 볼 수 있다. https://en.wikipedia.org/wiki/The Face of War. 다음 책의 97쪽에도 이 그림의 초안과 함께 실려 있다. Robert Descharnes, *Dalí*(New York: Abrams, 1985).

5 이 거울 실험을 소개하는 동영상. "Linear Perspective: Brunelleschi's Experiment", https://www.youtube.com/watch?v=bkNMM8uiMww.

6 Thomas F. Banchoff, *Beyond the Third Dimension: Geometry, Computer Graphics, and Higher Dimensions*(New York: Freeman, 1990). 이 책 은 제목을 "초정육면체를 보는 열세 가지 방법"이라고 정해도 괜찮았을 것이다. 윌리스 스티븐스와 헨리 루이스 게이츠 주니어Henry Louis Gates Jr. 에게는 좀 죄송한 말이지만. (둘 다 제목에 '열세 가지 방법'이라는 말이 들어간 책을 냈다. ─ 옮긴이.)

7 위키피디아, https://en.wikipedia.org/wiki/Crucifixion_(Corpus_ Hypercubus); Thomas F. Banchoff, *Beyond the Third Dimension: Geometry, Computer Graphics, and Higher Dimensions*(New York: Freeman, 1990), p. 105; Robert Descharnes, *Dalí*(New York: Abrams, 1985), p. 119. 밴초프의 책 110쪽에는 그가 달리와 이야기를 나누는 사 진이 실려 있다.

8 비유클리드 기하학을 접하기에 좋은 책들. H. S. M. Coxeter, *Non-Euclidean Geometry*, 5th ed.(Toronto: University of Toronto Press, 1965); Marvin Greenberg, *Euclidean and Non-Euclidean Geometries: Development and History*, 4th ed.(New York: Freeman, 2007). 위키 피디아 항목도 좋은 출발점으로 삼을 만하다. https://en.wikipedia.org/ wiki/Non-Euclidean_geometry. 에스허르와 콕서터 사이의 서신도 웹사 이트에서 찾아볼 수 있다. https://brewminate.com/escher-and-coxeter-a-mathematical-conversation/ recounts.

9 위키피디아, https://en.wikipedia.org/wiki/Circle Limit III; *M. C. Escher:*

29 *Master Prints*(New York: Abrams, 1983).

10 Sean Carroll, *Something Deeply Hidden: Quantum Worlds and the Emergence of Spacetime*(New York: Dutton, 2019).

11 기억을 통해 생성된 프랙털은 다음 책의 2.5절에서 더 많은 사례를 들면서 좀 더 상세히 다루고 있다. Michael Frame & Amelia Urry, *Fractal Worlds: Grown, Built, and Imagined*(New Haven, CT: Yale University Press, 2016).

12 괴델의 불완전성 정리Gödel's incompleteness theorem라는 이 결과는 너무나 놀라웠고, 그 증명의 토대를 이루는 개념도 너무나 탁월했다. 쿠르트 괴델과 알베르트 아인슈타인은 종종 프린스턴고등과학원의 교내를 함께 산책하곤 했다. 아인슈타인은 "그냥 쿠르트 괴델과 함께 귀가하는 특권을 누리기 위해" 괴델의 연구실을 찾곤 했다고 말했다. 그들의 아름다운 우정을 소개한 책은 Jim Holt, *When Einstein Walked with Gödel: Excursions to the Edge of Thought*(New York: Farrar, Straus, and Giroux, 2018). 아인슈타인의 말은 4쪽에 실려 있다. 괴델의 불완전성 정리의 증명을 명쾌하고 간결하게 설명한 책은 Ernest Nagel & James Newman, *Gödel's Proof*(New York: New York University Press, 1958). 아킬레스와 거북, 그 친구들이 등장하는 창작 우화들을 통해 괴델의 불완전성 정리를 아주 흥미진진하게 풀어 설명한 책도 있다. Douglas Hofstadter, *Gödel, Escher, Bach: An Eternal Golden Braid*(New York: Basic Books, 1979).

13 고대 그리스 기하학의 이 3대 문제를 풀 수 없다는 증명은 갈루아 이론 Galois theory이라는 수학 분야를 이용한다. 이 내용은 다음 문헌에 잘 설명되어 있다. Ian Stewart, *Galois Theory*, 2nd ed.(London: Chapman and Hall, 1973). 이 이론은 탁월한 논증을 통해 이 세 가지 기하학 문제를 대수학 문제로 전환하여, 풀 수 없음을 보여주었다. 더욱 놀라운 점은 이 문제들 중 일부는 비유클리드 기하학을 써서 풀 수 있다는 것이다.

14 고양이 스케치를 개스킷으로 전환하는 단계들은 138쪽의 그림에 실려

있다. 보면 알 수 있다.

15 Martin Gardner, *aha! Insight*(New York: Freeman, 1978).

16 Jorge Luis Borges, *Labyrinths: Selected Stories and Other Writings* (New York: New Directions, 1964). 내 생각에 보르헤스의 경이로운 상상력을 가장 잘 보여주는 작품이다.

17 한 예로 보르헤스는 다음 책의 서평을 썼다. Edward Kasner & James Newman, *Mathematics and the Imagination*(New York: Simon & Schuster, 1940). 이 서평을 재수록한 문헌은 Jorge Luis Borges, *Selected Non-Fictions*, ed. E. Weinberger(New York: Penguin, 2000), pp. 249-250.

18 보르헤스의 소설 〈바벨의 도서관The Library of Babel〉과 수필 〈거북의 화신들Avatars of the Tortoise〉은 역설과 퍼즐의 좋은 사례다.

19 보르헤스가 무한의 수학을 다룬 글. Jorge Luis Borges, "The Doctrine of Cycles", *Selected Non-Fictions*, ed. E. Weinberger(New York: Penguin, 2000), pp. 115~122.

20 보르헤스는 이를 〈틀뢴, 우크바르, 오르비스 테르티우스Tlön, Uqbar, Orbis Tertius〉에서 흥미롭게 변형시킨다.

21 주제 사라마구의 《죽음의 중지》에서처럼 명확한 원은 아니지만, 그럼에도 원이다. 사라마구의 한 단편소설에는 원의 형태를 이루는 아름다운 자족적인 이야기 기하학이 담겨 있다. 그 이야기는 3장에서 자세히 분석한다.

22 Jorge Luis Borges, "Circular Time", *Selected Non-Fictions*, ed. E. Weinberger(New York: Penguin, 2000), pp. 225~228.

23 $10^{10^{118}}$은 얼마나 클까? 10^{118}는 1 뒤에 0이 118개 붙어 있는 수이므로, $10^{10^{118}}$는 1 뒤에 0이 10^{118}개 붙어 있다. 얼마나 큰 수일까? 관찰 가능한 우주에 있는 입자의 수는 약 10^{80}개이므로, $10^{10^{118}}$에 있는 0의 개수인 10^{118}은 관찰 가능한 우주 10^{38}개에 있는 입자의 수와 같다.

24 Max Tegmark, "Parallel Universes", *Scientific American* 288(May

2003), pp. 40~51; Max Tegmark, *Our Mathematical Universe: My Quest for the Ultimate Nature of Reality*(New York: Knopf, 2014). 기본 개념은 이렇다. "우리 인류와 완전히 독립된 외부의 물리적 실체가 존재한다." "외부의 물리적 실체는 수학적 구조다." 아주 흥미로운 책이다.

25 빅뱅 모형이 우주에서 관찰된 가장 가벼운 원소들의 양을 어떻게 설명할 수 있는지를 처음으로 계산한 논문. Ralph Alpher & Hans Bethe & George Gamow, "The Origin of Chemical Elements", *Physical Review* 73(1948), pp. 803~804. (재담꾼인 가모는 그 논문이 앨퍼-베테-가모, 즉 α-β-γ 논문이라고 불리기를 원해 저자에 베테를 끼워넣었다. 정말이다.) 새로운 천문학적 증거들을 추가하여 더 상세히 다룬 문헌은 "Origins of Primordial Nucleosynthesis and Prediction of Cosmic Background Radiation", *Encyclopedia of Cosmology: Historical, Philosophical, and Scientific Foundations of Modern Cosmology*, ed. N. Hetherington(New York: Garland, 1993), pp. 453~475.

26 Sean Carroll, *From Eternity to Here: The Quest for the Ultimate Theory of Time*(New York: Dutton, 2010). 시간의 방향성이 어떻게 기원했는지를 명쾌하게 설명한다. 초기 우주의 낮은 엔트로피 문제에 볼츠만이 어떻게 접근했는지는 213쪽과 216쪽의 수치들과 본문에 실려 있다. 캐럴은 10장 "반복되는 악몽"에서 볼츠만의 접근법을 반박하는 주장들을 제시하고, 15장 "내일을 통한 과거"에서 아기 우주 논증을 탁월하게 설명한다.

27 S. Lloyd, "Personal Note", *Programming the Universe: A Quantum Computer Scientist Takes on the Cosmos*(New York: Random House, 2006), pp. 213~216. 세스 로이드는 친구인 하인즈 패절스와 등산을 갔다가, 패절스가 미끄러져서 낭떠러지에서 수백 미터 아래로 추락하여 사망한 일을 적고 있다. 로이드는 다세계 모형을 생각하면서 아마도 많은 평행 우주에서는 친구가 추락하지 않았을 것이라고 상상했다.

그렇다고 해도 로이드에게는 전혀 위안이 되지 않았다. 앤드리아 슬론 핑크는 내게 이 대목을 상기시키면서, 자신과 아이들도 로이드의 생각에 동의했다고 말했다. 로이드는 이렇게 말했다. "위안은 정보로부터, 현실과 상상 양쪽에서 나온 정보로부터 서서히 얻는다." 당사자는 사라졌지만, 그들의 생각, 그들의 행동에 관한 우리의 기억은 얼마 동안 남아 있다. 또 로이드는 케임브리지에서 보르헤스를 만나서 다세계 모형이 〈끝없이 두 갈래로 갈라지는 길들이 있는 정원〉에 영감을 주었는지 물었다고도 썼다(101~102쪽). 보르헤스는 아니라고 답하면서, 물리학자들이 문학을 읽으므로 물리학 법칙이 문학에 담긴 사상을 반영하는 것도 놀랍지 않다고 덧붙였다.

2 비탄

1 태양계의 안정성을 파악하려고 애쓰다가 떠올린 푸앵카레의 카오스 이론이 담긴 문헌. Henri Poincaré, *New Methods in Celestial Mechanics*, ed. D. Goroff(American Institute of Physics, 1993). 조지 버코프와 자크 아다마르는 안장 모양의 표면에서 작동하는 카오스를 발견했다. G. Birkhoff, "Quelques théorèms sur le mouvement des systèmes dynamiques", *Bulletin de la Société Mathématique de France* 40(1912), pp. 305~323; J. Hadamard, "Les surfaces à courbures opposées et leur lignes geodesics", *Journal de Mathématiques* 4(1898), pp. 27~73. 루시 카트라이트와 존 리틀우드는 레이더 회로의 동역학에서 카오스를 발견했다. L. Cartwright and J. Littlewood, "On Non-Linear Differential Equations of the Second Order I: The Equation $y'' + k(1-y^2) + y = b\lambda k \cos(\lambda t + a)$, k large", *Journal of the London Mathematical Society* s1-20(1942), pp. 180~189. 에드워드 로렌츠는 대기 대류 모형의 초기 컴퓨터 시뮬레이션에서 카오스를 발견했다. E. Lorenz, "Deterministic Non-Periodic Flows", *Journal of*

the Atmospheric Sciences 20(1963), pp. 130~141. 로버트 메이는 자원이 한정된 인구를 다루는 단순한 동역학 모형에서 카오스를 발견했다. R. May, "Simple Mathematical Models with Very Complicated Dynamics", *Nature* 261(1976), pp. 459~467. 메이의 논문에 자극을 받아서 많은 실험수학 논문이 쏟아졌다. 카오스의 발견 과정을 설명하여 《뉴욕 타임스》 베스트셀러로 선정된 교양서는 James Gleick, *Chaos: Making a New Science*(New York: Viking, 1987).

2 C. S. 루이스는 아내를 잃은 비탄을 이야기한다. C. S. Lewis, *A Grief Observed*(New York: Harper Collins, 1961).

3 Joan Didion, *The Year of Magical Thinking*(New York: Random House, 2005); Joan Didion, *Blue Nights*(New York: Random House, 2011). 2년 사이에 남편의 죽음과 딸의 죽음을 겪은 디디온은 얼마 동안 극심한 비탄에 잠겼다. 딸을 잃은 지 약 2년 뒤에는 대상포진까지 걸렸다. 한 사람에게 너무나 많은 불행이 찾아온 것이다.

4 Peter Heller, *The Dog Stars*(New York: Knopf, 2012).

5 Erich Lindemann, "Symptomatology and Management of Acute Grief", *American Journal of Psychiatry* 101(1944), pp. 141~148; Colin Parkes, "Anticipatory Grief," *British Journal of Psychiatry* 138(1981), p. 183. 이 두 문헌은 예상 비탄도 논의하지만, 나는 건너뛰련다.

6 John Archer, *The Nature of Grief*(New York: Taylor & Francis, 1999). 아처는 6장에서 비탄의 저차원 모형을 찾으려고 노력한다. 비탄의 단계 논의는 100쪽에 실려 있다.

7 John Bowlby, *Attachment and Loss*, volume 3, *Loss: Sadness and Depression*(London: Hogarth, 1980).

8 Colin Parkes, *Bereavement: Studies of Grief in Adult Life*(London: Tavistock, 1972).

9 Alexander Shand, *The Foundations of Character*(London: Macmillan, 1914).

10 아처의 책에는 비탄의 단계에 반대하는 주장도 실려 있다. John Archer, *The Nature of Grief*(New York: Taylor & Francis, 1999), pp. 28, 29, 100.

11 애도작업 가설에 반대하는 견해. John Archer, *The Nature of Grief* (New York: Taylor & Francis, 1999), pp. 122, 251; W. Stroebe & M. Stroebe & H. Schut, "Does 'Grief Work' Work?" *Bereavement Care* 22(2009), pp. 3~5.

12 스트로베와 슈트는 비탄을 다룬 논문을 많이 썼다. 이중과정모형은 학술대회에서 세 차례 발표되었다. M. Stroebe & H. Schut, "Differential Patterns of Coping with Bereavement between Widows and Widowers", British Psychological Society Social Psychology Section Conference, Jesus College, Oxford, 22~24 September 1993; M. Stroebe & H. Schut, "The Dual Process Model of Coping with Bereavement", Fourth International Conference on Grief and Bereavement in Contemporary Society, Stockholm, 12~16 June 1994; M. Stroebe & H. Schut, "The Dual Process Model of Coping with Loss", International Work Group on Death, Dying and Bereavement, St. Catherine's College, Oxford, 26~29 June 1995. 그 뒤에 더 개선된 모형도 제시했다. M. Stroebe & H. Schut, "The Dual Process Model of Coping with Grief: A Decade On", *Omega* 61(2010), pp. 237~289.

13 혈연선택을 더 상세히 다룬 문헌. Sonya Bahar, *The Essential Tension: Competition, Cooperation, and Multilevel Selection in Evolution*(New York: Springer, 2018); William D. Hamilton, "The Genetic Evolution of Social Behavior, I and II", *Journal of Theoretical Biology* 7(1964), pp. 1~52; Oren Harman, *The Price of Altruism: George Price and the Search for the Origins of Kindness*(New York: Norton, 2010); Martin Nowak & Roger Highfield, *Supercooperators: Altruism, Evolution, and Why We Need Each Other to Succeed*(New

York: Simon & Schuster, 2011); Richard Prum, *The Evolution of Beauty: How Darwin's Forgotten Theory of Mate Choice Shapes the Animal World—and Us*(New York: Doubleday, 2017); Prum, TED × Yale 강연, https://www.youtube.com/watch?v=128-i8ulC7o.

14 Barbara King, *How Animals Grieve*(Chicago: University of Chicago Press, 2014).

15 동물도 일화 기억과 자전적 기억을 지닌다는 증거. Gema Martin-Ordas & Dorthe Bernsten & Josep Call, "Memory for Distant Past Events in Chimpanzees and Orangutans", *Current Biology* 23(2013), pp. 1438~1441.

16 Barbara King, *How Animals Grieve*(Chicago: University of Chicago Press, 2014), p. 85.

17 Barbara King, *How Animals Grieve*(Chicago: University of Chicago Press, 2014), chap. 6. 원숭이 암컷이 죽은 새끼를 며칠 동안 안고 다닌다는 내용.

18 Helen Macdonald, *H Is for Hawk*(New York: Grove Press, 2014).

19 Randolph Nesse, "An Evolutionary Framework for Understanding Grief", *Spousal Bereavement in Late Life*, eds. D. Carr & R. Nesse & C. Wortman(New York: Springer, 2005), pp. 195~226.

20 많은 사례를 다윈 진화의 관점에서 살펴보면서 의학을 이해하려는 시도. Randolph Nesse & George Williams, *Why We Get Sick: The New Science of Darwinian Medicine*(New York: Random House, 1994).

3 아름다움

1 Barbara King, *How Animals Grieve*(Chicago: University of Chicago Press, 2014), p. 14.

2 흄, 칸트, 쇼펜하우어, 특히 산타야나는 아름다움의 이론을 내놓았다. 산
타야나의 미학 이론은 1892~1895년 하버드대 강의를 토대로 한 책에 실
려 있다. George Santayana, *The Sense of Beauty: Being the Outlines
of Aesthetic Theory*(New York: Scribner, 1896). 산타야나가 하버드
대 종신 재직권을 따기 위해 그 책을 썼으며, "하찮은 밥벌이용wretched
potboiler"이라고 불렀다는 말도 있다. John Timmerman, *Robert Frost:
The Ethics of Ambiguity*(Lewisburg, PA: Bucknell University Press,
2002), p. 174.

3 Daniel Berlyne, *Aesthetics and Psychobiology*(New York: Appleton-
Century-Crofts, 1971); Daniel Berlyne, "A Theory of Human Curiosity",
British Journal of Psychology 45(1954), pp. 180~191.

4 순수성과 다양성의 균형을 잡아야 한다는 산타야나의 주장은 다음 책
16절에 실려 있다. George Santayana, *The Sense of Beauty: Being the
Outlines of Aesthetic Theory*(New York: Scribner, 1896).

5 Denis Dutton, *The Art Instinct: Beauty, Pleasure, and Human
Evolution*(New York: Bloomsbury, 2009); TED 강연, https://www.ted.
com/talks/denis_dutton_a_darwinian_theory_of_beauty.

6 Ang Lee, director, *Crouching Tiger, Hidden Dragon*(Columbia
Pictures, 2000).

7 José Saramago, *Death with Interruptions*(Orlando: Harcourt, 2005).

8 문화에 상관없이 미술을 이해할 수 있다는 사례들의 출처. 음부티족의
나무껍질 천 그림은 Ron Eglash, *African Fractals: Modern Computing
and Indigenous Design*(New Brunswick, NJ: Rutgers University Press,
1999), 그림 4.3; 이누이트족의 동물 조각은 Bernadette Driscoll,
Uumajut: Animal Imagery in Inuit Art(Winnipeg, MB: Winnipeg Art
Gallery, 1985), 그림 133; 라스코 동굴 벽화와 스페인 코르도바 모스크
는 H. W. Janson, *History of Art*, 4th ed.(New York: Abrams, 1991), pp.
74~77, 289~299.

9   Douglas Hall, *Klee*(Oxford: Phaidon, 1977).

10 Charles Darwin, *On the Origin of Species by Means of Natural Selection, or the Preservation of Favoured Races in the Struggle for Life*(London: John Murray, 1859); Charles Darwin, *The Descent of Man, and Selection in Relation to Sex*(London: John Murray, 1871).

11 Richard Prum, *The Evolution of Beauty: How Darwin's Forgotten Theory of Mate Choice Shapes the Animal World — and Us*(New York: Doubleday, 2017); TED × Yale 강연, https://www.youtube.com/watch?v=128-i8ulC7o.

12 Ronald Fisher, "The Evolution of Sexual Preference", *Eugenics Review* 7(1915), pp. 184~191.

13 Amotz Zahavi, "Mate Selection: A Selection for a Handicap", *Journal of Theoretical Biology* 53(1975), pp. 205~214.

14 Mark Kirkpatrick, "The Handicap Mechanism of Sexual Selection Does Not Work", *American Naturalist* 127(1986), pp. 222~240; Alan Grafen, "Sexual Selection Unhandicapped by the Fisher Process", *Journal of Theoretical Biology* 144(1990), pp. 473~516.

15 함수 $y = f(x)$는 y가 x의 변화에 비례하면 선형이고, 비례하지 않으면 비선형이다. 예를 들어, $y = 5x$는 x가 어떻게 변하든 간에 y가 비례하여 변할 것이므로—여기서는 5배씩 — 선형이다. 반면에 $y = x^2$은 예를 들어 x를 2배로 늘리면 y는 4배씩 늘어나고, x를 3배씩 늘리면 y는 9배씩 늘어나므로 비선형이다. y의 변화가 x의 변화에 비례하지 않는다.

16 Richard Prum, *The Evolution of Beauty: How Darwin's Forgotten Theory of Mate Choice Shapes the Animal World — and Us*(New York: Doubleday, 2017), pp. 186, 188.

17 Sewall Wright, "Evolution in Mendelian populations", *Genetics* 16(1931), pp. 97~159; Sewall Wright, "The Role of Mutation, Inbreeding, Crossbreeding, and Selection in Evolution", *Proceedings*

of the Sixth International Congress of Genetics 1(1932), pp. 356~366.

18 캐서린 존슨은 걸작 영화 〈히든 피겨스Hidden Figures〉(20th Century Fox, 2016)에서 다루어졌다.

19 괴델 기수법. E. Nagel & J. Newman, *Gödel's Proof*(New York: New York University Press, 1958); D. Hofstadter, *Gödel, Escher, Bach: An Eternal Golden Braid*(New York: Basic Books, 1979).

20 Carl Sagan, *Cosmos*(New York: Random House, 1980), p. 4.

21 세 가지 개스킷 규칙을 동시에 적용했을 때 변하지 않은 유일한 도형이 개스킷이라는 말에는 단서 조항이 딸려 있다. 이 단서 조항은 부록에 실려 있다.

22 B. Mandelbrot, *The Fractal Geometry of Nature*(New York: Freeman, 1983), chap. 19. 일반 대중이 망델브로 집합을 처음 접한 것은 다음 기사를 통해서일 것이다. A. K. Dewdney, "Computer Recreations: Exploring the Mandelbrot Set", *Scientific American* 253(August 1985), pp. 16~21, 24. 망델브로 집합의 발견 이야기는 브누아의 회고록 25장에 상세히 나와 있다. B. Mandelbrot, *The Fractalist: Memoir of a Scientific Maverick*(New York: Random House, 2012).

23 우리 세 명이 함께 발표한 논문. H. Hurwitz & M. Frame & D. Peak, "Scaling Symmetries in Nonlinear Dynamics: A View from Parameter Space", *Physica D* 81(1995), pp. 23~31.

4 이야기

1 보르헤스의 〈끝없이 두 갈래로 갈라지는 길들이 있는 정원〉에서의 갈라짐과 휴 에버렛의 양자역학 다세계 해석에서의 갈라짐을 비교할 때 좀 혼동이 일어난다. B. DeWitt & N. Graham, eds., *The Many-Worlds Interpretation of Quantum Mechanics*(Princeton, NJ: Princeton

University Press, 1973). 숀 캐럴이 《다세계》(New York: Dutton, 2019)에서 설명했듯이, 거시적인 선택은 우주를 두 갈래로 나누지 않는다. 다세계가 우주의 모형이라면, 양자 상태를 측정할 우주는 두 갈래로 나뉜다.

2 카를로 로벨리는 현대 양자물리학과 상대성의 관점에서 시간과 현실의 본질을 살펴보는 놀라운 책들을 썼다. Carlo Rovelli, *Reality Is Not What It Seems: The Journey to Quantum Gravity*(Penguin Random House, 2017); Carlo Rovelli, *The Order of Time*(Penguin Random House, 2018).

3 커트 보니것의 〈문예 창작을 위한 충고Here Is a Lesson in Creative Writing〉는 다음 책 3장이다. Kurt Vonnegut, *A Man without a Country*(New York: Random House, 2007).

4 존 맥피는 다음 책의 〈구조Structure〉 장에서 지리적 모양과 서사적 모양 사이의 유사성을 살핀다. John Mcphee, *Draft No. 4 On the Writing Process*(New York: Farrar, Straus and Giroux, 2017).

5 Bill Bryson, *A Walk in the Woods*(New York: Broadway, 1999).

6 할 애슈비Hal Ashby의 영화 〈빙 데어〉(United Artists, 1979)는 예지 코신스키Jerzy Kosínski의 동명 소설 《빙 데어Being There》(Toronto: Bantam, 1970)를 각색한 것이다.

7 Leslie Jamison, *The Empathy Exams*(Minneapolis: Graywolf Press, 2014).

8 그래프를 볼 때 스크러피의 놀이-t 평면에서의 큰 도약을 음영 평면에서의 작은 도약으로 투영할 방법이 전혀 없다고 생각할지도 모르겠다. 그러나 음영 평면에서의 경로가 스크러피의 놀이-t 평면에서 있는 경로의 투영이 아님을 명심하자. 둘 다 더 고차원 공간에 있는 경로의 투영이다.

5 프랙털

1 사라마구는 《노트북The Notebook》(London: Verso, 2010)의 3월 31일에 쓴 글에서 《이름 없는 자들의 도시》(San Diego: Harcourt, 1997)의 프랙털 묘지 구조를 어떻게 구상했는지 적었다.

2 프랙털을 최초로 고찰한, 즉 선언한 책. B. Mandelbrot, *The Fractal Geometry of Nature*(New York: Freeman, 1983). 그 뒤로 아주 많은 책이 나왔다. 아동용 책은 S. Campbell & R. Campbell, *Mysterious Patterns: Finding Fractals in Nature*(Honesdale, PA: Boyds Mills, 2014). 일반 독자용 책은 K. Falconer, *Fractals: A Very Short Introduction*(Oxford: Oxford University Press, 2013). 교사용 책은 M. Frame & B. Mandelbrot, *Fractals, Graphics, and Mathematics Education*(Washington, DC: Mathematical Association of America, 2002). 대학생용 책은 K. Falconer, *Fractal Geometry: Mathematical Foundations and Applications*, 3rd ed.(Chichester: Wiley, 2014); Michael Frame & Amelia Urry, *Fractal Worlds: Grown, Built, and Imagined*(New Haven, CT: Yale University Press, 2016); D. Peak & M. Frame, *Chaos under Control: The Art and Science of Complexity*(New York: Freeman, 1994); H.-O. Peitgen & H. Jürgens & D. Saupe, *Chaos and Fractals: New Frontiers in Science*, 2nd ed.(New York: Springer, 2004); Y. Pesin & V. Climenhaga, *Lectures on Fractal Geometry and Dynamical Systems*(Providence, RI: American Mathematical Society, 2009). 대학원생용 책은 K. Falconer, *Techniques in Fractal Geometry*(Chichester: Wiley, 1997). 그리고 학술지에 수십, 아니 수백 편의 논문이 실려 있다.

3 차원을 계산하는 방법은 부록에 실려 있다.

4 개스킷의 길이와 면적 계산, 차원과 측정 사이의 관계는 부록에 좀 상세히 실려 있다.

5 프랙털 차원에서의 삶을 추정한 내용. Michael Frame & Amelia Urry, *Fractal Worlds: Grown, Built, and Imagined*(New Haven, CT: Yale University Press, 2016), section 6.7.

6 Helen Macdonald, *H Is for Hawk*(New York: Grove Press, 2014).

7 앤 팬케이크의 소설 《너무나 이상한 날씨였어》(Berkeley, CA: Counterpoint, 2007)는 웨스트버지니아 남부의 한 노천 탄광이 일으킨 환경 재해가 한 가족에게 어떤 영향을 미쳤는지를 다루고 있다. 내가 자란 곳 근처이고, 내가 자라던 시절의 이야기다. 지루하게 설교하는 내용이 아니다. 터무니없는 탐욕과 어리석음이 빚어낸 결과에 고초를 겪는 복합적이면서 결함 있는 사람들의 이야기다.

6 너머

1 Judea Pearl, *Causality: Models, Reasoning, and Inference*, 2nd ed.(Cambridge: Cambridge University Press, 2009); Judea Pearl & Dana Mackenzie, *The Book of Why: The New Science of Cause and Effect*(New York: Basic Books, 2018).

2 *Roger Ebert's Journal*, 14 January 2009. https://www.rogerebert.com/rogers-journal/i-feel-good-i-knew-that-iwould.

3 Judea Pearl, *Causality: Models, Reasoning, and Inference*, 2nd ed.(Cambridge: Cambridge University Press, 2009).

감사의 말

1 데이브 피크와 나는 유니언칼리지에서 과학 전공이 아닌 학생들에게 프랙털과 카오스를 가르칠 교과서로 삼기 위해서 《통제된 카오스》(New York: Freeman, 1994)를 썼다. 약 20년 뒤에는 예일대에서 상응하는 강좌의 교과서로 삼기 위해서 어밀리아 어리와 함께 《프랙털 세계들》

(New Haven, CT: Yale University Press, 2016)을 썼다. 그 기간에 그 분야는 성장했고, 내 이해 수준도 깊어졌다. 역설적이게도《프랙털 세계들》은 내가 예일대에서 퇴직한 직후에 출판되었기에, 나는 교과서로 쓴 적이 없다.

2 존 맥피는 아주 놀라운 논픽션 작가 중 한 명이다. 존 맥피에게 재주가 딱 하나 있는데, 그가 어떤 주제로 책을 쓰든 간에 독자를 그 주제에 깊이 관심을 갖도록 만든다는 것이라는 말이 떠돌 정도다. 대단한 재주다. 그의 집필 과정을 다룬 책에는 기하학이 약간 언급되어 있다. J. McPhee, *Draft No. 4: On the Writing Process* (New York: Farrar, Straus and Giroux, 2017).

3 라라 산토로의 소설들은 비탄과 상실을 다룬다. 첫 저서《자비》(New York: Other Press, 2007)는 에이즈가 만연한 아프리카가 무대다. 두 번째 소설 《소년》(New York: Little, Brown, 2013)은 미국 남서부가 무대로서, 여기서는 비탄을 더 내면화한다. 둘 다 압도적이고 뛰어나고 직접적이다. 다음 소설이 무척 기다려진다.

4 앤드리아 슬론 핑크의 희곡에 내가 등장한다는 것을 알았을 때 내가 얼마나 놀랐는지 상상이 가는지? Andrea Sloan Pink, "Fractaland", *The Best American Short Plays, 2013~2014*, ed. W. W. Demastes (Milwaukee: Applause Theatre & Cinema Books, 2015), pp. 249~263. 그녀가 브누아와 나를 아주 정확히 묘사했기에, 나는 그녀가 내 제자였나 하는 생각도 했다. 사실 우리는 만난 적이 없지만, 전자우편을 주고받기 시작했고 지금도 그렇다. 우리가 거의 같은 시기에 부모를 잃었기에 당연히 비탄을 놓고도 많은 논의가 오갔다.

5 존 앨런 폴로스의 유머의 기하학 모형. John Allen Paulos, *Mathematics and Humor* (Chicago: University of Chicago Press, 1980).

찾아보기

옮긴이 **이한음**

서울대학교에서 생물학을 공부했고, 전문적인 과학 지식과 인문적 사유가 조화된 번역으로 우리나라를 대표하는 과학 전문 번역가로 인정받고 있다. 케빈 켈리, 리처드 도킨스, 에드워드 윌슨, 리처드 포티, 제임스 왓슨 등 저명한 과학자의 대표작이 그의 손을 거쳤다. 과학의 현재적 흐름을 발 빠르게 전달하기 위해 과학 전문 저술가로도 활동하고 있으며, 청소년 문학을 쓴 작가이기도 하다. 지은 책으로는 《바스커빌가의 개와 추리 좀 하는 친구들》《생명의 마법사 유전자》《청소년을 위한 지구 온난화 논쟁》 등이 있으며, 옮긴 책으로는 《마법의 비행》《인간 본성에 대하여》《창의성의 기원》《생명이란 무엇인가》 등이 있다.

수학의 위로

1판 1쇄 펴냄	2022년 11월 7일
1판 4쇄 펴냄	2022년 12월 30일

지은이	마이클 프레임
옮긴이	이한음
펴낸이	김정호

펴낸곳	디플롯
출판등록	2021년 2월 19일(제2021-000020호)
주소	10881 경기도 파주시 회동길 445-3 2층
전화	031-955-9504(편집) · 031-955-9514(주문)
팩스	031-955-9519
이메일	dplot@acanet.co.kr
페이스북	https://www.facebook.com/dplotpress
인스타그램	https://www.instagram.com/dplotpress

책임편집	이형준
디자인	형태와내용사이, 박애영

ISBN	979-11-979181-1-7 03400

디플롯은 아카넷의 교양·에세이 브랜드입니다.